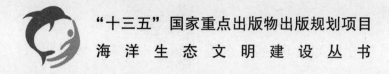

"十三五"国家重点出版物出版规划项目

海洋生态文明建设丛书

突发性海洋溢油事故风险
分区和管理

兰冬东　马明辉　梁　斌　宫云飞　主编

U0195393

海洋出版社

2019年·北京

图书在版编目（CIP）数据

突发性海洋溢油事故风险分区和管理/兰冬东等主编 . —北京：海洋出版社，2019. 11

ISBN 978-7-5210-0493-9

Ⅰ.①突…　Ⅱ.①兰…　Ⅲ.①海上溢油-环境污染事故-风险管理-研究　Ⅳ.①X55

中国版本图书馆 CIP 数据核字（2019）第 270629 号

责任编辑：张　荣

责任印制：赵麟苏

海洋出版社　出版发行

http：//www.oceanpress.com.cn

北京市海淀区大慧寺路 8 号　邮编：100081

北京朝阳印刷厂有限责任公司印刷　新华书店发行所经销

2019 年 11 月第 1 版　2019 年 11 月北京第 1 次印刷

开本：787mm×1092mm　1/16　印张：9.75

字数：155 千字　定价：60.00 元

发行部：62132549　邮购部：68038093　总编室：62114335

海洋版图书印、装错误可随时退换

《突发性海洋溢油事故风险分区和管理》
编　委　会

主　　　编：兰冬东　马明辉　梁　斌　宫云飞

编写组成员：梁雅惠　鲍晨光　许　妍　于春艳

　　　　　　李　冕　朱容娟　隋伟娜　余　东

　　　　　　姚　翔　毕忠野　王金虎

前　言

　　随着我国经济持续稳定发展，人民生活水平不断提高，城镇化速度不断加快，石油消费量亦不断提高，自 1993 年起，我国就由石油出口国转变为石油进口国，并对石油的需求量逐年增大，现已成为仅次于美国的第二大石油消费国。2017 年我国全年原油进口量突破 $4×10^8$ t，较 2016 年增长了 10.1%，成品油进口量增长了 6.4%。石油的转运主要是通过海上运输业进行，进口石油的 90% 需通过海上运输。目前，天津、大连、青岛、宁波、广州和湛江等地已建成 10 万~30 万吨级的油码头，随着石油进口量的增加和海上运输业的发展，抵达我国沿海港口的大型油轮也越来越多，油运量大幅度增加和油轮大型化将会使我国海域今后发生船舶油污事故，特别是发生船舶重大油污事故的概率显著增加。

　　近年来，我国管辖海域的溢油污染事故发生愈发频繁。2000 年 "闽燃供 2" 号溢油事故，2002 年 "塔斯曼海" 号油轮溢油事故，2004 年 "珠江口" 溢油事故，2010 年大连湾 "7·16" 溢油事故，2011 年 "19-3" 溢油事故等重大溢油污染事故给我国海洋生态环境造成了严重破坏和重大的经济损失。据统计，我国沿海近 40 年来（1973—2011 年）发生船舶溢油事故约 3 000 起，平均 4~5 d 发生一起污染事故。其中，一次性泄漏 50 t 以上的溢油事故 95 起，年均 2.5 起，平均每起污染事故溢油量 537 t，溢油总量达 38 500 t。

　　溢油污染是海洋油污染中最主要的一种油污染，溢油量有时多达几十万吨，危害非常严重。大量的石油瞬间溢出进入海洋环境，可迅即扩散成很大一片面积，造成大批海鸟、鱼类死亡，使海洋资源遭受严重的损害。此外，溢油的扩散和漂移的动态性，导致溢油对海滩、海岸、旅游区的自然风景造成损害，若同时发生爆炸和火灾，其后果更为惨重。频繁发生的重大溢油污染事件已经成为危害人类健康，破坏海洋生态环境的重要因素，严重威胁了我国环境、经济和社会的和谐发展。这些事故虽然发生概率不大，但由于突发性强、破坏性大，一旦发生，其影响程度往往是巨大的，通常会引起事故周围海域生态环境受到严重破坏，造成巨大的经济损失，导致区域的海洋生态失衡，甚至造成长期的危害，致使海洋生态环境难以恢复，因此，人们逐渐认识并关注海洋溢油造成的海洋生态环境问题。开展科学合理的海洋溢油风险评价和分区管理，从而将海洋溢油污染事故遏制在孕育期，是预防突发性海洋溢油污染事故和减少溢油损害的强有力手段。

本书在对海洋溢油风险分区进行综合评述的基础上，以海洋溢油风险系统理论为主线，剖析突发性海洋溢油污染事故的成因、发生过程及各要素之间的特征与相互联系，构建海洋溢油风险分区指标体系和量化模型。结合风险管理实践，建立了基于 GIS 的海洋溢油污染事件风险分区方法。选取大连市近岸海域和辽东湾海域作为不同尺度的典型案例，采用海洋溢油风险分区方法进行溢油风险分区，并根据分区结果提出有针对性的溢油防范对策。

由于时间关系以及笔者对此前沿领域研究认识水平有限，书中可能存在一些不足和错误之处，敬请各界人士批评指正！

编者

2019 年 2 月

目　录

上篇　理论方法篇

下篇　案例篇

上篇　理论方法篇

第1章 概 述

1.1 基本概念

1.1.1 风险

"风险"的概念最早出现于 19 世纪末的西方经济学。"风险"最基本的定义是：危险，遭受损失、伤害、不利或毁灭的可能性。由于研究的目的不同，研究者对风险的定义也有所差异。美国经济学家 Haynes（1895）提出风险是损失的概率。郭仲伟（1987）将风险定义为：一般指遭受损失、损伤或毁坏的可能性，或者说发生人们不希望出现的后果的可能性。罗祖德（1990）提出风险是某种损失的不确定性。美国学者小阿瑟·威廉姆斯和查理德·M. 汉斯（1990）将风险定义为：在给定条件下和特定时间内，那些可能发生的结果间的差异，在给定条件下和特定时间内，那些发生的结果间的差异。如果肯定只有一个结果发生，则差异为零，风险为零；如果有多种可能结果，则有风险，且差异越大，风险越大。Murphy H（1992）将风险定义为：危险度的潜能与危险度可能性的乘积。毛小苓等（2003）将风险定义为：在一定时期产生有害事件的概率与有害事件后果的乘积。黄圣彪等（2007）认为：风险是指遭受损失、损伤、毁坏的可能性，或者指产生有害结果的内在概率规律。毕军（2006）将风险定义为：用事故可能性与损失或损伤的程度来表达的经济损失与人员伤害的度量。在美国国防部文件中，风险则定义为可能危及计划或工程项目的潜在问题，用问题发生的可能性及其后果的综合影响来度量。联合国人道主义事务部将风险定义为"给定区域和时段内，由某种灾害造成人们的生命财产损失的预计值"（联合国，2012）。也有学者认为

风险值 R 是事故发生的概率 P 与事故造成的环境（或健康）后果 C 的乘积，即 $R = P \times C$（Lirer，1998；胡二邦，1999；顾传辉，2001）。风险存在于人的一切活动中，不同的活动会带来不同性质的风险，如经常遇到的灾害风险、工程风险、投资风险、健康风险、污染风险、决策风险等。一般来说，风险有两个方面的含义：一方面是指一定时期内各类可能发生事故发生的概率，或各类事故发生的可能性的大小；另一方面是指该时期内一旦这些事故发生，其造成损失的大小，或事故的严重程度（孙雪景，2007）。本书所指的风险是指由自然原因或人类活动引起的，给人类和环境带来有害影响的事故的潜在性。

1.1.2　溢油风险

海洋石油污染是指人类通过石油开采加工、废污水排放、海上交通运输等过程将石油带入海洋，导致影响海气交换、降低海洋初级生产力、危害生物生存、破坏海滩滩涂湿地及风景区的景观等环境恶化现象（高振会，2007）。本书所说的溢油风险是指由于人为活动引发的或者是由于自然原因引发的技术设施的故障导致的、危害人体健康和海洋生态环境的海洋溢油污染事件。

1.1.3　突发性海洋溢油污染事故

突发性污染事故是相对于非突发性污染事故而言的。非突发性污染事故是经过长时间的潜伏和演化，经过时空积累效应才体现出来的，如农田施撒的农药经过长时间聚集后酿成污染事故，填海造地等人类活动引起海水倒灌、海岸侵蚀或海水入侵，油船机舱含油舱底水、油船的含油压载水、洗舱水长期累积排放造成的石油污染。突发性海洋溢油污染事故没有固定的排放方式和排放途径，发生概率虽小，但由于突发性强、破坏性大、处置紧急性和影响滞后性等特点，一旦发生，其影响程度往往是巨大的，通常会引起事故周围海域生态环境受到严重破坏，造成巨大的经济损失（Wies，1995；Gorsky，2000；曾维华，2013）。

1.2　环境风险评价和分区研究进展

1.2.1　环境风险评价

最早的环境风险评价是由美国原子能委员会（USNRC）在"大型核电站中重大事故的理论可能性和后果"的研究报告中提出来的，此后，1974 年由加拿大安大略省唐斯维欧市大气环境服务公司 R E Munn（环境问题科学委员会主席）主笔，包括来自世界各地的专家学者联合编写出版了一本关于环境影响评价的书，这本书阐述了用概率方法探求"最佳方案"的准则。1975 年，在日本东京召开的人类环境国际科学家大会上，Water 提出环境影响评价应包括对政策的意外失误的影响分析，并应阐述适宜的应急计划，后来 Hilbom 把上述概念用到渔业发展中政策失误的后果分析中，这是环境风险评价的一大发展。而印度博帕尔市农药厂事故及苏联切尔诺贝利核电站事故极大地刺激与推动了环境风险评价的研究与开展。印度博帕尔市农药厂事故后，世界银行的环境和科学部很快颁布了关于"控制影响厂外人员和环境的重大危害事故"的导则和指南。此外，联合国环境规划署制定了 APELL 计划，即"地区性紧急事故意识和防备"。1987 年，欧洲共同体甚至立法，规定对有可能发生化学事故危险的工厂必须进行环境风险评价。20 世纪 80年代，在美国的一些州环境保护局（SEPA），风险评价成为环境影响评价的一个组成部分。当然，各国环境风险评价进展与制度是不尽相同的，有的国家是强制性的正式制度，有的则是不彻底的、非官方的行为。但是，积极开展环境风险评价的研究与实践已成为世界大多数国家的共识。

我国的风险评价研究起步于 20 世纪 90 年代，并且主要以介绍和应用国外的研究成果为主。20 世纪 90 年代以后，在一些部门的法规和管理制度中已经明确提出风险评价的内容，1993 年国家环境保护局颁布的中华人民共和国环境保护行业标准《环境影响评价技术导则　总纲》（HJ/T 2.1-93）规定：对于风险事故，在有必要也有条件时，应进行建设项目的环境风险评价或环境风险分析。同时，1997年国家环境保护局、农业部、化工部联合发布的《关于进一步加强对农药生产单位废水排放监督管理的通知》规定：新建、扩建、改建生产农药的建设项目必须针对生产过程中可能产生的水污染物，特别是特征污染物进行风险评价。2001 年国家经贸委发布的《职业安全健康管理体系指导意见》和《职业安全健康管理体系审核规范》中也提出，"用人单位应建立和保持危害辨识、风险评价和实施必要控制措施的程序"，"风险评价的结果应形成文件，作为建立和保持职业安全健康管理体系中各项决策的基础"。

环境风险评价的发展大体经历了三个阶段：①20 世纪 30—60 年代，风险评价的萌芽阶段，该阶段采用毒物鉴定的方法进行健康影响的定性分析，例如关于致癌物的假定，只能定性说明暴露于一定的致癌物会造成一定的健康风险，直到 60 年代，毒理学家才研究出一些定量的方法评价低浓度暴露条件下的健康风险。②20 世纪 70—80 年代，风险评价的高峰期，该阶段以事故风险评价和健康风险评价为主，基本形成了风险评价体系，美国最早提出了环境风险的评价框架。1983 年，美国国家科学院提出了风险评价的"四步法"，即危害鉴别、剂量-效应关系评价、暴露评价及风险表征，此后又相继制定和颁布了一系列环境风险技术文件、准则和指南，如致癌风险评价、化学混合物健康风险评价、致畸风险评价、发育毒物健康风险评价等。③20 世纪 90 年代后，风险评价不断完善和发展，生态风险评价成为新的研究热点，人们逐渐开始研究人体健康风险评价和生态系统风险评价的整合，欧盟主要开展化合物对人群和生态系统的风险评价，美国则研究了大量的生态评价模型来评价和预测多种胁迫因子对复杂生态系统的风险（毛小苓，2003）。

20 世纪 80 年代，我国开始重视环境事故风险，陈立新（1993）、毛小苓（2003）、Achour（2005）、杜锁军（2006）、王玮蔚（2007）、Darbra（2008）等分别从人体健康、生态系统、社会经济系统评估等多种角度对环境风险评价的概念进行了广义和狭义两个方面的阐述。目前较为常用的环境风险评价概念是：对人类的各种社会经济活动所引发的危害，对人体健康、社会、经济发展和生态系统等所造成的可能损失进行评估，并据此进行管理和决策的过程（胡二邦，1999；郭文成，2001）。但环境风险评价的研究仍处于发展阶段，虽然已经在水体超标污染、输油管道泄漏和油田储罐泄漏、人体健康风险、化工厂事故、光气释放、化学品危险性分析等方面有过研究（王大坤等，1995；王志霞，2007），但大多数风险评价是以单个风险因素作为评价对象，环境风险研究停留在项目和场地的环境风险评价阶段，主要对具体的有毒有害、易燃易爆物质的环境风险进行控制与管理。

在国外，除项目和场地环境风险评价研究较为深入外，区域环境风险评价也逐渐得到了发展。Petts（1997）和 Ferguson（1998）很早便阐述了在大范围工业区进行风险评价的方法，但此方法实际上只是一种概念模型，而且该模型还存在很大的问题，如编辑模型的信息不完全甚至不一致，对风险的发生过程不了解等。后来，Ghonemy（2005）在此基础上做了进一步研究，提出了一种系统的方法（FEPs），并描述了模型中的不确定性，但对不确定性并没有进行定量的处理，限制了方法的适用范围。Darbra（2008）后来在实践中尝试着解决风险评价的不确定性问题。

环境风险评价作为一个新兴领域，20 多年来得到了迅速的发展，正逐渐成为环境评价中日益重要的分支。随着污染控制思路从点源向复合源转变，环境风险评价正从建设项目层次转向区域层次，即区域环境风险评价和累积风险评价。

1.2.2　区域环境风险评价和分区

1. 区域环境风险评价

随着区域经济的快速发展，突发性的污染事故不断增多，为了能更好地管理风险并提出应急措施，区域环境风险评价和分区研究在国内外逐渐兴起。

丁燕（2002）、王博和霍张丽（2007）利用模糊综合评判法分别对台风、暴雨、滑坡等自然灾害进行评估。王飞（1995）运用模糊数学与事故树相结合的方法对江汉流域某一水利枢纽工程进行环境风险事故概率计算。杨晓松（1998）、熊德琪（2001）运用模糊数学综合评判法对工厂的事故风险性进行评价和排序。李其亮（2005）根据工业园区环境风险的特点，利用模糊数学理论建立其评价模型，并以泰兴化工园区为例对模型进行了验证。王玉秀（1994）、尹红梅（1997）利用区域环境风险综合评价法对盘锦油田、岷江紫坪铺水库库区开展了环境风险综合评价。王家鼎等（1992）最早提出信息扩散法原理，并应用信息扩散法对饱和土震动液化势的评价做了深入研究，建立了可以应用于西安、宝鸡等地的地震小区化的方法。冯利华（2000）运用信息扩散法对地震灾害进行了风险分析，对防灾抗灾具有一定的指导作用。吴息（2002）采用信息扩散理论对浙江省大暴雨风险概率水平的空间分布进行了分析，从而从有限的大暴雨资料中获得了更多的样本信息，进一步了解了大暴雨的发生规律。张俊香等（2007）基于信息扩散理论的模糊风险计算模型，应用 1949—2000 年中国沿海特大台风风暴潮记录数据，对中国沿海特大台风风暴潮灾害进行了风险评估，给出了中国沿海特大台风风暴潮灾害的超越概率曲线并进行计算，对防灾减灾具有一定的指导作用。刘桂友（2007）利用信息扩散法在广州市南沙区黄阁镇和南沙镇开展了环境风险评估，为政府部门优化产业布局、制定风险预防措施和应急管理措施等提供了科学依据。杨凯等（1994）最早将层次分析法应用于某石化厂的安全评价。Wang 等（2007）将层次分析法突破性地应用于区域尺度的风险评价中。卢仲达（2007）、何天平（2008）还将层次分析法运用于化工园区域的风险评价，对整个园区的规划和布局起到较好的决策支持作用。

2. 区域环境风险分区

区域风险分区是建立在区域风险评估基础上的工作，风险评估技术决定风险区划的质量和效果。环境风险分区是区域环境风险相对大小的排序过程，是区域环境风险管理的主要手段之一，其目的在于客观地揭示区域内及区域之间环境风险分布的相似性和差异性，并根据区域环境风险分布的规律，按照区域自然环境和社会环境的结构、功能及特点，划分成不同等级的地区，确定环境风险管理工作的优先顺序，实现环境风险分区管理。目前，有学者已经在风险分区领域颇有研究。

Kuchuk 等（1998）应用健康和环境地理信息系统对欧洲地区的环境风险进行了分区。此方法对于环境与健康关系的决策起到了一定的指导作用，但由于人是流动的，一生中暴露于各种各样的环境中，这样便会产生不明确的效应，另外人的个体差异性很大，所以此方法具有不确定性。

Gupta 等（2002）构建了环境风险制图法（Environmental Risk Mapping Approach）用于指导工业发展中心的布局规划。这种方法在风险源分类分布图上叠加自然、社会条件（包括地貌、排水区、水坝、各种土地利用类型和自然灾害等），由此建立地块的发展适宜性规则，再叠加地块的敏感性（是否为敏感区、保护区等），从而识别出适宜于不同用途的地块（工业用地、居民用地和农业、林业用地等）。

Merad（2004）等采用多标准辅助决策法（multi-criteria, decision-aids method）进行矿区的生态风险区划，即通过选择坍塌易发性和地表敏感性方面的若干个标准，让专家来判定各分区特征是否与预先设定的风险等级标准符合，从而判断各分区的相对风险大小。

杨洁等（2006）首次对区域环境风险区划的理论与方法开展了系统研究，提出目标确定、风险调查、风险评价和风险分区等区划步骤，从风险源危险性、控制机制有效性和受体易损性几个方面构建环境风险指标体系，采用多指标综合评价法进行风险评价，最后基于区域风险综合指数的分级进行分区。

兰冬东等（2009）构建了突发性污染事件环境风险分区的指标体系和量化模型，并以上海市闵行区为例，开展了风险分区，并提出相应的管控措施。

1.3　风险系统理论研究进展

风险系统理论在自然灾害领域已发展得相对完善。史培军（1991，1996，2002）提出了区域灾害系统论的观点，指出区域灾害系统是由致灾因子、孕灾环境和承灾体共同组成的地球表层异变系统，也是由自然与社会共同作用形成的地球表层自组织系统，灾情是区域灾害系统中各子系统相互作用的产物，阐述了区域灾害系统的风险性、脆弱性和不稳定性之间相互作用而共同构成的灾情形成的动力学过程。Yin（2007）和Liu（2003）对危险因子的危险性、风险受体的脆弱性、影响因素及评价模型做了深入研究。风险系统在环境风险领域也得到了一定的发展，顾传辉（2001）总结并阐述了环境风险系统的概念，杨洁等（2006）在此基础上又做了深入的探讨，提出环境风险系统的组成是风险源、初级控制机制、次级控制机制和风险受体四个部分。

1.4　海洋溢油风险评价研究进展

在海洋溢油风险评价方法上，国外学者已经进行了长期不懈的努力。Devanney等（1974）利用贝叶斯分析对溢油统计数据进行了溢油事故发生次数、发生规模的初步研究，但概率计算并不能为后续的应急处置工作提供支撑。从 20 世纪 60 年代起，海洋溢油动力学模型得到了广泛的发展，建立了大量的海上溢油扩散和环境归宿的数值模型，为溢油污染防治提供了技术支撑。1990 年，美国颁布了《1990 年油污法》，海洋溢油风险评价得到进一步发展。

早期对于海洋溢油的研究多集中于溢油概率的模拟和溢油原因的分析、溢油动力学模拟和溢油损害赔偿机制以及溢油应急体系与应急处置研究等方面。郑连远等（1994）建立了三维溢油预报模型，应用拉格朗日方法预报溢油质心的运动轨迹。张存智等（1997）建立了三维溢油动态预报模式并应用于渤海湾，模型模拟结果与卫星资料相吻合。竺诗忍（1997）等采用条件概率研究手段，假定航行的油船中，半数载油半数空载，载油油船在航道、泊位或锚地分别发生碰撞、搁浅或船身破损后溢油的概率各为 50%，开展了舟山海域突发性溢油事故的风险评价研究。金梅兵（1997）提出了油膜在海岸处的边界控制条件，讨论了海岸带对油膜的吸附规律，采用溢油漂移全动力模式对渤海湾大港油田海上平台处的溢油漂移情况进行了模拟。李品芳（1999）等考虑了油船类型、油船吨位、油船的技术状态、气候条件、人为因素等导致油船溢油的基本因素，采用模糊数学方法对港口溢油问题进行了研究。余加艾（1999）基于溢油与海冰、水、大气的相互作用原理，建立了渤海结冰海区溢油行为的三维数值模式。肖景坤等（2001）应用概率与数理统计、人工神经网络理论、线性规划等理论或方法对我国海域内油船海上溢油事件的风险概率、油船溢油的因素、油船溢油的危害预报等问题进行了较为全面的理论分析与应用研究。娄安刚等（2001）建立了三维海洋溢油预测模型。刘彦呈等（2002）基于 GIS 建立了海上溢油漂移扩散模型。田海潮（2006）采用模糊数学理论建立了京唐港船舶溢油风险评价模型并开发了溢油风险评估软件，为防止京唐港船舶溢油提供了对策。陈书雪（2009）在分析国内外溢油事故的发生原因、溢油事故发生的类型及各类型溢油事故发生频率的基础上，根据天津港实际情况得出了天津港溢油风险防范措施与应急对策。高振会等（2009）开展了胶州湾海域生态环境与溢油的危害和损失研究，并建立了溢油应急体系。

近几年来，国内外学者在海洋溢油脆弱性评价、溢油风险评估等方面的研究逐渐兴起。RIFAAT（1995）和 Permanand（1997）采用脆弱性指数评价对海岸带脆弱性进行评价。Weslawski（1997）提出了海岸带溢油脆弱性系统，并构建了脆弱性评价指标体系。高岩松等（2000）研究了港口区域发生溢油的危险度。杨军等（2003）采用灰度与隶属度相结合的灰色模糊评价方法对港口船舶溢油风险进行了区划。孙维维（2006）从自然水域环境、航道条件、敏感区和油船运输状况等几个方面，利用模糊综合评价方法，对大连新港海区油船溢油风险总体评价进行了初步探究。金海明（2006）建立了油船溢油潜势判定的灰色多层次评价模型，对宁波–舟山港到港的油船进行了溢油风险评价。Castanedo（2009）从物理、生物和社会经济等方面对西班牙比斯开湾进行了海洋溢油脆弱性评价。邓健（2010）通过构建溢油风险指标体系，对三峡库区水域船舶溢油风险进行了评价。Antonio（2012）构建了海岸带危险性和脆弱性综合风险评价体系，为海岸带管理提供了决策依据。

1.5 海洋溢油风险分区研究进展

海洋溢油风险分区是按照溢油风险的相对大小对一定区域进行划分，使同一分区内相似性和不同分区间的差异性最大的过程。分区方法在自然灾害和环境风险研究中发展得相对成熟。自然灾害区划在形式上主要有两种："自上而下"的区域划分法及"自下而上"的区域合并法。国内外环境风险主要的分区方法有图形叠加法、专家经验判断法和综合分区法。与研究相对成熟的自然灾害区划和环境风险分区相比，海洋溢油风险分区的研究处于探索阶段。

目前，国内外鲜有溢油风险分区的研究。Arthur（2007）对多个沿海地区的溢油敏感性进行了分区，并分析了敏感性随季节的变化。Walid（2008）对阿联酋溢油风险进行了分区，并提出了风险防控对策。高亚丽（2015）建立了溢油污染风险分级分区的综合评价模型，对大连港海域进行了溢油风险综合评价及分级分区的实例研究。杭君（2014）通过对上海海域溢油事故生态风险区划与应急对策制定进行了系统性分析研究，建立了一套适于上海海域的溢油应急响应决策辅助系统。

第 2 章 突发性海洋溢油污染事故风险系统

2.1 典型的海洋溢油事故发生过程分析

2.1.1 海洋溢油事故的特点

海洋溢油事故形式多样：①从溢油事故类型看，有海洋石油开采井喷油事故、海底输油管道破损溢油事故、船舶碰撞溢油事故，港口码头以及岸上的存储油罐泄漏引起的海洋溢油事故；②从油品种类来看，所溢油类包括持久性烃类矿物油（如原油、燃料油、重柴油等）和非持久性烃类矿物油（如汽油、煤油等）；③从事故区域来看，海洋溢油事故发生的海域类型多样，包括河口、海湾、海洋保护区、海水浴场、滨海旅游度假区、养殖区等。

海洋溢油事故损害广泛：①海洋环境质量会受到溢油损害，包括海水水质、海洋沉积物、滩涂湿地环境；②海洋生物受到损害，包括浮游植物、浮游动物、底栖生物、游泳生物、鸟类等；③人类健康和社会经济受到损害。

2.1.2 我国发生的海洋溢油事故特征与趋势分析

表 2-1 统计了我国 1973—2011 年发生的，且单次溢油量在 50 t 以上的海洋溢油事故。事故不仅仅局限于船舶溢油，还包括了海上石油平台、输油管道、港口码头等的爆炸、溢油事故。

表 2-1 1973—2011 年我国 50 t 以上海洋溢油事故统计

年份	次数	事故时间	事故地点	船及码头	船籍	溢油量/t	油种	事故原因
1973	2	1973.11.26	大连港	大庆 36	中国	1 400	原油	碰撞
		1973	香港	储油库		4 000	柴油	爆炸、泄漏
1974	1	1974.9.30	青岛港	大庆 31	中国	895	原油	触礁
1975	3	1975.2	福州闽江口	亚洲飞鹤	索马里	128	燃油	搁浅
		1975.4	秦皇岛港	大庆 50	中国	30	原油	冒舱泄漏
		1975.6	大连港	大庆 38	中国	100	原油	碰撞
1976	3	1976.2.16	汕尾港	南阳轮	索马里	8 000	原油	碰撞
		1976.2.17	广东丰海县外海	碧洋丸	日本	200	燃油	碰撞
		1976.6.23	威海以北海面	洪湖轮	中国	330	原油	碰撞
1977	1	1977.5.31	汕头南澳岛	海洋丰收	利比里亚	350	重燃油	碰撞
1978	3	1978.1.9	上海港外海	雅典地平线	希腊	1 400	豆油	船底裂溢油
		1978.4.26	上海港	大庆 412	中国	655	0 号柴油	未关海底阀
		1978.7.8	上海港	大庆 401	中国	178	桐油	碰撞
1979	2	1979.1.31	广东牛头岛	阿里比奥	希腊	200	燃油	触礁
		1979.6.19	青岛港	塞勒斯总统	巴西	355	原油	触礁搁浅
1980	1	1980.4	北海油田			1 789	原油	泄漏
1983	2	1983.10.11	广东碣石湾外海	大庆 236	中国	750	原油	碰撞
		1983.11.25	青岛港	东方大使	巴拿马	3 343	原油	触礁搁浅
1984	4	1984.4.5	广东横栏岛	利成	利比里亚	685	燃油	触礁
		1984.4.13	秦皇岛山海关	输油管		1 470	原油	洪水冲断
		1984.5.11	温州海域	海利	巴拿马	400	燃油	碰撞
		1984.8.28	青岛港	加翠	巴西	757	原油	触礁
1985	1	1985	鲅鱼圈		中国	50	原油	搁浅船底漏油
1986	1	1986.12.6	烟台婆婆石湾	巴西利亚	中国	200	重质燃油	搁浅
1988	2	1988.8	宁波算山码头	算山码头 64		293	轻柴	管线破断
		1988.7	渤海七号钻井平台			100	原油	井喷
1989	3	1989.8.14	上海港	武进 3163	中国	64	燃油	碰撞
		1989.1	长山水道	金山	中国	300	燃油	沉没
		1989	山东黄岛	油库		630	石油	爆炸起火

年份	次数	事故时间	事故地点	船及码头	船籍	溢油量/t	油种	事故原因
1990	1	1990.6.8	大连老铁山	玛亚8	巴拿马	100	燃油	碰撞
1991	2	1991.3.7	长江口	浙苍油116	中国	200	轻柴油	碰撞
		1991.11.5	温州港	燃供油驳	中国	95	重柴油	搁浅
1992	2	1992.9	威海成山头海域	林海	中国	300	燃油	沉没
		1992.1	山东长山水道	曼德利	巴拿马	130	燃油	沉没
1993	1	1993.2.8	天津新港	明星河	中国	50	燃油	修船溢油
1994	7	1994.5.23	上海港	长征	中国	100	燃油	起火沉没
		1994.7.8	青岛港	普拉巴	塞浦路斯	100	燃油	碰撞
		1994.7	大连寺儿沟码头			100	重柴油	
		1994.7.14	汕头	康斯坦丁藏可夫	俄罗斯	50	燃油	翻沉
		1994.8	大连港	连油1	中国	81	柴油	碰撞
		1994.8.16	威海成山头水域	烟救油2	中国	100	货油	搁浅
		1994.4	福建东南海面	南洋2	中国	650	原油	碰撞
1995	8	1995.4.13	山东石岛港外	安哥拉	巴拿马	460	燃油	船底破裂
		1995.4.30	厦门港	南洋2	中国	200	燃油	碰撞
		1995.5.1	防城港	防城港供2	中国	144	燃油	碰撞
		1995.5.21	厦门港	熊岳城	中国	153	燃油	碰撞
		1995.6.9	威海成山头	亚洲希望	巴拿马	410	燃油	触礁搁浅
		1995.8.20	广州港	檀家	图瓦卢	200	原油	碰撞
		1995.10.14	北海市	昌盛2	中国	250	柴油	沉没
		1995.8.25	海南万宁县	越洋	中国	1 500	重油	触礁
1996	5	1996.1.2	威海刘公岛	汤根艾库	朝鲜	150	燃油	触礁
		1996.1.25	福建湄洲湾	安福	中国	632	原油	触礁
		1996.3.8	厦门港	中化1	中国	900	轻柴油	碰撞
		1996.5.1	大连港	浙普渔油31	中国	476	润滑油	碰撞沉没
		1996.7.19	上海港	永怡	中国	159	重油	碰撞
1997	4	1997.2.1	湛江	海成	新加坡	240	原油	海底阀未关严
		1997.6.3	南京港	大庆243	中国	1 000	原油	爆炸起火
		1997.8.23	吴淞口外	林海5	中国	100	重油	碰撞
		1997.12.26	广东东莞	无船名	中国	50	重油	沉没

续表

年份	次数	事故时间	事故地点	船及码头	船籍	溢油量/t	油种	事故原因
1998	3	1998.1.20	黄河口	滨海219	中国	120	重油	沉没
		1998.9.12	吴淞口	上电油1215	中国	272	重油	碰撞沉没
		1998.11.13	珠江口	建设51	中国	1 000	柴油	碰撞
1999	3	1999.1.23	长江横沙锚地	东涛	中国	500	凝析油	碰撞
		1999.3.24	广东伶仃水道	闽燃供2	中国	589	燃油	碰撞
		1999.3.24	珠海	无船名	中国	150	重油	碰撞
2000	4	2000.11.1	珠江口	德航298	中国	200	燃油	碰撞
		2000.6.6	福州港	闽油1	中国	75	柴油	碰撞
		2000.11.14	珠江口	德航298	中国	230	燃油	碰撞
		2000.11.15	东营港	乐安16	中国	100	原油	碰撞
2001	3	2001.1.27	福建平潭	隆伯6	中国	2 500	柴油	触礁
		2001.6.16	香港	勇敢金子	巴拿马	400	燃油	碰撞沉没
		2001.9.20	厦门港	运鸿	中国	90	柴油	碰撞沉没
2002	3	2002.7.13	舟山港	浙普渔油98	中国	200	柴油	沉没
		2002.10.9	汕头南澳岛	宁清油4	中国	900	凝析油	触礁燃烧
		2002.11.23	天津港外	塔斯曼海	马耳他	160	轻质原油	碰撞
2004	1	2004.12.7	珠江口	现代促进	巴拿马	1 200	燃料油	碰撞
2005	2	2005.4.3	大连港	阿提哥	西班牙	100	原油	触礁搁浅
		2005.4.20	福建晋江围头湾	金太隆2	中国	380	油品	碰撞
2006	2	2006.3.21	台州	华辰27	中国	187	石脑油	碰撞
		2006.4.22	舟山	现代独立	英国	477	燃油	碰撞
2009	1	2009.9.15	珠海	圣狄	巴拿马	50	燃油	搁浅
2010	1	2010.7.16	大连港	输油管线		1 500	原油	爆炸
2011	1	2011.6	蓬莱	19-3油田		205	原油	井喷

1. 海洋溢油污染事故的年际变化

1971—2011 年期间海洋溢油污染事故发生的次数出现先上升后下降的趋势，溢油量呈现出波动下降趋势（图 2-1）。41 年内共发生海洋溢油事故 81 次，其发生频率为 2.0 次/a，溢油事故发生次数最多的年份是 1994—1996 年，其间平均每年发生海洋溢油事故 7.3 次。41 年内海洋溢油污染事故的溢油总量达 49 667 t，平均每年泄漏量为 1 211 t，而溢油总量的高峰期主要集中在 1973 年、1976 年、1983 年和 1984 年这 4 年，溢油平均量超过 5 000 t。

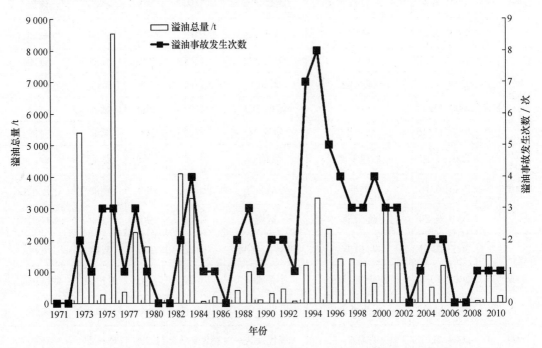

图 2-1　1971—2011 年我国海洋溢油事故发生次数与溢油量的年际变化

2. 海洋溢油事故原因统计

我国海洋溢油事故发生的主要原因是碰撞、触礁/搁浅和爆炸/起火。如图 2-2 所示，碰撞是造成海洋溢油事故的最主要原因，共引发溢油事故 40 起，占总溢油次数的 48.2%，碰撞导致的溢油总量也是最高的，为 21 345 t，占所有溢油事故溢油量的 42.9%；触礁、搁浅是引发海洋溢油事故的第二大原因，共引发溢油事故 19 起，占总溢油次数的 22.9%，其溢油总量为 13 050 t，占所有溢油事故溢油量的

26.2%；井喷以及操作性失误导致的溢油事故发生频率最低，分别为 2 起和 4 起，共占总溢油次数的 7.4%。

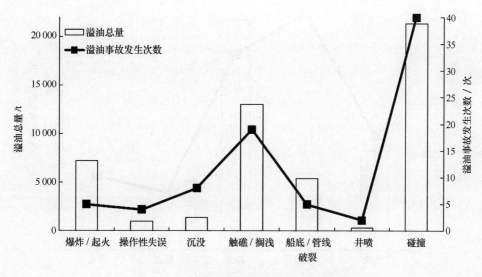

图 2-2　我国海洋溢油事故原因分析

3. 溢油污染事故油品种类分析

海洋溢油污染事故的主要污染物为燃油、原油和柴油（图 2-3），其中原油的泄漏事故基本是大型溢油事故。泄漏次数最多的污染物是燃油，发生事故次数为 29 次，占总事故次数的 34.9%，共导致 8 020 t 燃油泄漏，占所有溢油事故溢油总量的 16.1%。原油的泄漏次数次之，但造成的泄漏量是最大的，共泄漏原油量 24 156 t，占所有溢油事故溢油总量的 50.6%。柴油也是海洋溢油污染事故的常泄漏污染物，发生事故次数为 14 次，占总事故次数的 16.9%，共造成 10 439 t 柴油泄漏。

4. 溢油事故发生省份分析

在我国，广东省和山东省是发生溢油事故的大省，溢油量也是最高的（图 2-4）。香港地区虽然溢油发生次数不多，但事故造成的溢油量很大，这可能与香港码头吞吐量大、过往油轮吨位大有关。海洋溢油事故的发生与经济的发展呈一定的相关性，经济越发达的地区，石油的需求量越大，船舶的交通密度也较高，溢油事故的发生次数也就越高。但是经济越发达的地区，对溢油事故的应急越完善，投入也越多，溢油量相应会降低。

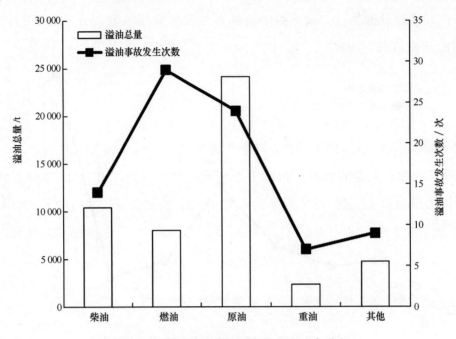

图 2-3　我国海洋溢油事故油品种类分析

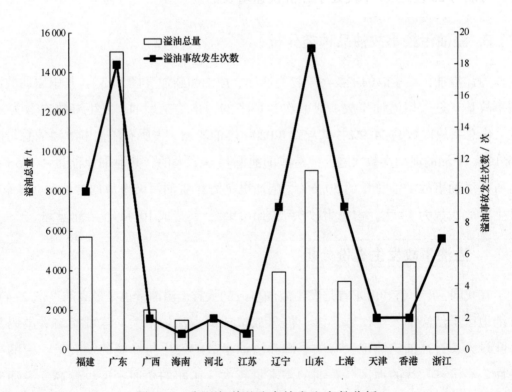

图 2-4　我国海洋溢油事故发生省份分析

5. 溢油事故等级分析

根据《防治船舶污染海洋环境管理条例》中对船舶溢油污染事故的分级标准，溢油 1 000 t 以上，或者造成直接经济损失 2 亿元以上的事故为特别重大溢油事故；溢油 500 t 以上 1 000 t 以下，或者造成直接经济损失 1 亿元以上 2 亿元以下的为重大溢油事故；溢油 100 t 以上 500 t 以下，或者造成直接经济损失 5 000 万元以上 1 亿元以下的为较大溢油事故。如表 2-2 所示，1971—2011 年这 41 年间，共发生特别重大溢油事故 13 起，发生频率为 0.32 次/a，溢油总量达 30 102 t，其中 20 世纪 70 年代发生 4 起，80 年代、90 年代各发生 3 起，21 世纪以来共发生 3 起，各年代之间无明显差别。41 年间，发生重大溢油事故 12 起，发生频率为 0.29 次/a，溢油总量达 8 538 t，21 世纪以来只发生 1 起重大溢油事故，这与近年来设备技术水平的提升和风险防范措施的完善密切相关。较大溢油事故共发生 48 起，发生频率为 1.17 次/a，溢油总量为 10 287 t，在 20 世纪 90 年代发生频率较高，共发生 22 起，可能与 20 世纪 90 年代处于经济快速增长的上升期，对于溢油污染的重视不够，港口、船舶设备条件不够先进，应急防范措施薄弱有关。

表 2-2 我国海洋溢油事故等级分析

年份	特别重大溢油事故		重大溢油事故		较大溢油事故	
	溢油次数	溢油总量/t	溢油次数	溢油总量/t	溢油次数	溢油总量/t
1971	0	0	0	0	0	0
1972	0	0	0	0	0	0
1973	2	5 400	0	0	0	0
1974	0	0	1	895	0	0
1975	0	0	0	0	2	228
1976	1	8 000	0	0	2	530
1977	0	0	0	0	1	350
1978	1	1 400	1	650	1	178
1979	0	0	0	0	2	555
1980	1	1 789	0	0	0	0
1981	0	0	0	0	0	0

年份	特别重大溢油事故		重大溢油事故		较大溢油事故	
	溢油次数	溢油总量/t	溢油次数	溢油总量/t	溢油次数	溢油总量/t
1982	0	0	0	0	0	0
1983	1	3 343	1	750	0	0
1984	1	1 470	2	1 442	1	400
1985	0	0	0	0	0	0
1986	0	0	0	0	1	200
1987	0	0	0	0	0	0
1988	0	0	0	0	2	293
1989	0	0	1	630	1	300
1990	0	0	0	0	1	100
1991	0	0	0	0	1	200
1992	0	0	0	0	2	430
1993	0	0	0	0	0	0
1994	0	0	1	650	4	400
1995	1	1 500	0	0	8	1 817
1996	0	0	2	1 532	3	785
1997	1	1 000	0	0	2	340
1998	1	1 000	0	0	2	392
1999	0	0	2	1 089	1	150
2000	0	0	0	0	3	530
2001	1	2 500	0	0	1	400
2002	0	0	1	900	2	360
2003	0	0	0	0	0	0
2004	1	1 200	0	0	0	0
2005	0	0	0	0	2	480
2006	0	0	0	0	2	664

年份	特别重大溢油事故		重大溢油事故		较大溢油事故	
	溢油次数	溢油总量/t	溢油次数	溢油总量/t	溢油次数	溢油总量/t
2007	0	0	0	0	0	0
2008	0	0	0	0	0	0
2009	0	0	0	0	0	0
2010	1	1 500	0	0	0	0
2011	0	0	0	0	1	205
合计	13	30 102	12	8 538	48	10 287

2.1.3　海洋溢油污染风险的影响因素

通过对海洋溢油典型案例的发生原因、发生过程及造成或未造成重大损失的原因进行分析，可以归纳出四个影响海洋溢油风险大小的主要因素。

1. 海域自身特征

海域自身的性质特点、码头类型和技术状态等都影响着风险的大小。运输石油的货运码头比客运码头的溢油风险更大一些。技术水平的高低也影响着风险的大小，对发生的溢油快速地分解和稀释将大大降低风险的大小。通航航道的宽度及油船密度也影响着风险的大小，密度越大，航道越窄，风险越高。石油基地或平台附近海域发生溢油风险的可能性将大于其他海域。

2. 诱发因素

风对溢油风险的影响较大，大风将提升油船发生翻船或泄漏的概率，且决定着油带的飘移方向并加速油污的扩散，风越大，溢油污染的危害性越大。能见度影响油船的行船安全，沿海城市经常出现大雾天气，出现大雾的天数越多，发生油船碰撞等事故也越多。海冰、波浪和水深都影响着行船的安全，海冰越多、浪越大、水越浅的海域，发生溢油事故的概率越大。

3. 过程控制状态

过程控制指的是风险因子释放后但未与风险受体接触阶段所采取的控制措施，包括应急预案、应急投入等因素。溢油事故发生应急预案等缺失的过程控制不完善影响着风险的大小，例如：印度博帕尔事件，当局和工厂对异氰酸甲酯的毒害作用缺乏认识，没有相应的应急预案，事故发生后无应急救援和疏散计划；松花江重大水污染事件，由于缺乏应急预案，事故发生后直接将污染物质排入松花江，造成巨大的损失。

4. 风险受体的脆弱性

产卵场、海洋保护区、增养殖区、滨海湿地等敏感海域最脆弱，工业用水区域或者航运区域相对不敏感。岸滩类型也决定着该海域的脆弱性，自然岸滩的脆弱性高于人工岸滩，自然岸线中的砂质岸滩的脆弱性最高。海域生物种群的丰富性和数量也影响着溢油风险的大小，生物越丰富，数量越多，风险越大。降雨量越大，海水潮流速度越大，海水交换能力越强，受体的恢复力就越强。

2.1.4　海洋溢油对海洋生态环境的危害

1. 对海洋生态环境的影响

石油在海面形成的油膜能阻碍大气与海水之间的气体交换，影响了海面对电磁辐射的吸收、传递和反射。长期覆盖在极地冰面的油膜，会增强冰块吸热能力，加速冰层融化，对全球海平面变化和长期气候变化造成潜在影响。溢油中的低分子量石油烃溶解于水体中，导致海水质量明显下降，不仅毒害各种海洋生物，还影响人类健康。

2. 对海洋生物的影响

1）浮游植物

石油会破坏浮游植物细胞，损坏叶绿素，并干扰气体交换，从而妨碍它们的光合作用。浮游植物作为鱼虾类饵料的基础，其对各类油类的耐受能力均很低，石油会妨碍海洋浮游植物细胞的分裂和生长的速率。

2）浮游动物

被石油薄膜覆盖的海域，石油薄膜起到了类似日全食的作用，浮游动物会改变正常的活动习惯，活动强度逐渐减弱，最后呈昏迷状态。某些桡足类和枝角类浮游动物暴露于含有石油 $0.1×10^{-6}$ 的海水中，当天全部死亡。

3）底栖生物

底栖生物不仅受到海水中石油的影响，还受到沉积物中石油的影响。牡蛎、贻贝等吸附大量的油污，当石油达到一定浓度后，就会导致牡蛎、贻贝组织部分坏死，这些底栖生物也将长时间不能被食用。

4）鱼类

高浓度的石油会使鱼卵、仔幼鱼短时间内中毒死亡，而低浓度时其引起的长期亚急性毒性可干扰鱼类摄食和繁殖，其毒性随石油组分的不同而有差异。石油吸附在鱼鳃上，鱼很快就会窒息死亡。石油通过鱼的饵料影响成鱼的健康。

5）鸟类

漂浮在海面的油污可能透过羽毛触及皮肤，这样就会将海鸟羽毛上的油脂溶解掉，破坏羽毛的结构。被油污水浸透了的羽毛，会使海鸟失去飞翔能力和保温的机能，也有的被油污染的鸟丧失了浮力而沉没。油污对鸟蛋的孵化率也有恶劣的影响，那些种群小、繁殖力弱的罕见鸟种，像海鸡和海鸠等，会因石油污染而面临着绝种的危险。

6）水产养殖资源

海洋表面的油膜还会降低表层海水中的日光辐射量，造成作为养殖资源饵料的浮游植物的减少。石油污染还能造成养殖资源的大量死亡，没有死亡的养殖资源由于体内富集了过多的石油也无法食用，造成巨大的经济损失。

3. 对人类健康的影响

石油通过吸入、皮肤接触和摄取三种途径对人体产生危害，石油对健康的危害最典型的是苯及其衍生物的危害，它可以影响人体血液，长期暴露在含有这种物质的环境中，会造成较高的癌症发病率（特别是白血病）。苯及其苯类物质对人体危害的急性反应症状包括味觉反应迟钝、昏迷、反应迟缓、头痛、眼睛流泪等。在有些情况下，苯及其衍生物对人体的危害是比较重的，反应的症状像喝醉酒一样，语无伦次，继续在此环境中还会导致身体摇晃、思维混乱、丧失知觉。随着吸入量继续增加，还可能出现呼吸困难、心跳停止，甚至死亡。

2.2 环境风险和自然灾害风险系统类比分析

海洋溢油风险系统来源于环境风险系统理论和自然灾害系统理论，风险系统在环境领域和自然灾害领域发展得比较成熟。

2.2.1 自然灾害系统

一般认为，区域灾害系统是由致灾因子、孕灾环境和承灾体共同组成的地球表层异变系统，也是由自然与社会共同作用形成的地球表层自组织系统，灾情是区域灾害系统中各子系统相互作用的产物（史培军，1991）。致灾因子的风险性、孕灾环境的稳定性、承灾体的脆弱性决定了灾情的大小。致灾因子是灾害产生的充分条件，承灾体则是放大或缩小灾害的必要条件，而孕灾环境是影响致灾因子和承灾体的背景条件。致灾因子和承灾体及孕灾环境，在灾害系统中具有同等的重要性，即在特定的孕灾环境下，致灾因子和承灾体之间的相互作用，集中体现在区域灾害系统中致灾因子的危险性及承灾体的脆弱性、恢复性之间的相互转换机制方面。自然灾害风险可表征为 $R = E \times V \times H$（Liu，2003），其中 E 是受体价值，V 是受体的脆弱性，H 是危险度。

1. 致灾因子

致灾因子包括自然的和人为的两类。灾害的形成是致灾因子对承灾体作用的结果，没有致灾因子也就没有灾害。Forman（1995）将致灾因子分为自然致灾因子和人为致灾因子；史培军（1991，1996）将致灾因子划分为自然致灾因子、人为致灾因子与环境致灾因子三类，这样分类能更客观、更深入地分析其灾害的形成机制。

2. 孕灾环境

孕灾环境包括孕育产生灾害的自然环境和人文环境。自然环境又可进一步划分为流体与固体自然环境和生物环境两大类（EL-Sabh，1994，1998）。人文环境一般根据语言、民族和种族、经济和政治制度进行划分，不同的文化环境区域，对灾害的反应不同，而且滋生人为灾害的类型与强度也不同（Blaikie，1994）。

3. 承灾体

黄崇福（2004，2005）等认为承灾体是各种致灾因子作用的对象，是人类以及其活动所在的社会与各种资源的集合，包括人、生物、建筑物、生态系统等。不同人群抵御灾害的能力不同，收入越高、身体越健康，抵御灾害的能力越强，儿童、老人、妇女、残障人等是脆弱群体。脆弱性与灾情成正比，通常受体的脆弱性越大，则灾情越大；反之，脆弱性越小，越不易形成灾情。

2.2.2　环境风险系统

顾传辉（2001）最早提出环境风险系统包括风险源、初级控制、二级控制和目标四部分，在此基础上，杨洁（2006）等对环境风险系统做了进一步的研究，提出环境风险系统是由风险源、初级控制机制、次级控制机制和风险受体四个部分组成，这些要素相互联系、相互作用，在一定条件下形成区域环境风险，在这个环境风险系统中，虽然人类活动占主导地位，但不能摆脱自然环境的制约。

1. 风险源

风险源指可能产生环境危害的源头，即导致风险发生的客体以及与其相关的因果条件，环境风险源的存在是环境风险发生的先决条件。风险源的危害指数由对人的危害指数、社会的影响指数、直接经济损失指数和生态损失指数四个部分组成。从运动状态的角度划分，风险源大体上可以分为两大类：即固定风险源和移动风险源。

固定风险源主要指那些生产、贮存、使用、处置危险物质的企业、装置、设施、场所等。移动风险源主要发生于危险物质的装卸运输过程，由危险物质贮存装置故障，运输、装卸中违章作业，或交通工具发生交通事故引发，导致危险性的化工原料、产品或危险废物的燃烧、爆炸或泄漏等危险事故。移动风险源的事故特点是随时随地可能发生，危险性不仅与有害物质的性质、泄漏到环境中的数量有关，还与事故发生地的地理环境、气候条件以及环境敏感点的分布情况有关。

2. 控制机制

1）源头控制机制

源头控制指的是在风险因子释放之前，将风险源控制、维持在相对于风险受体安全的状态。包括对危险物质的控制，相关人员的管理与培训，对风险因子释放强度、规模、速率等的控制，工艺设备的监控以及工艺技术保障设施。由于管理故障、机械故障、人为故障等原因，导致源头控制具有不确定性。

2）过程控制机制

过程控制指的是在风险因子释放后但未与风险受体接触阶段所采取的控制措施。过程控制状态受应急预案的制定与实施、应急作业人员的素质、应急监测水平和信息公开等因素的影响。

3. 风险受体

风险受体是指风险因子可能危害的人类，生命系统各组织层次，水源保护地和社会经济系统。一般情况下，风险受体的调查范围是风险源周边 500 m 区域内的环境敏感点或敏感区域，如医院、学校、党政机关、自然保护区、风景游览区和水源保护地等。

2.3　突发性海洋溢油风险系统

由于海洋生态系统的复杂性、海洋边界模糊性及海洋知识的有限性，突发性海洋溢油事故风险系统比环境风险系统和自然灾害系统更具有特殊性。海洋溢油风险系统主要由风险源和风险受体组成。风险源的危险性和风险受体的脆弱性影响着溢油风险的大小。风险源指可能产生溢油事故的源头，主要受危险因子的状态、诱发因素的大小和控制的状态等因素影响。风险受体是海洋溢油事故的承受体，受承受体的脆弱性、恢复力等因素影响。

2.3.1　风险源

风险源指可能产生溢油危害的源头，是溢油风险发生的必要条件。风险源的危害指数是由对人的危害指数、社会影响指数、直接经济损失指数和生态损失指数四个部分组成。风险源分为固定风险源和移动风险源两大类。

固定风险源主要指那些生产、贮存、运输石油物质的基地、平台、港口等。事故发生原因主要有以下几点：①设备技术水平不先进或者陈旧老化及相关公共设施不完善而发生故障；②人为的不安全行为（如操作不当）、自然灾害和安全管理不到位等因素；③石油没有经过安全处置或者处置不当，造成泄漏。

移动风险源是指石油的装卸运输过程中，由石油贮存装置故障，运输、装卸中不科学或交通事故引发，导致石油爆炸或泄漏等事故。移动风险源的事故特点是随时随地可能发生，危险性不仅与油品的性质、泄漏的数量有关，还与事故发生地的海域环境、气候条件以及环境敏感点的分布情况有关。

风险源可能是移动的，所以风险事故随时随地可能发生，发生的时间不同，造成的损失也不同。例如，某些鸟类具有特殊的迁徙时间，旅游区在旅游季节人最多，这些都会影响风险的大小。风险事故发生时的气候条件也影响风险的大小，如风险事故发生在雨雪天气、大雾天气或大风天气，石油物质可能发生反应而产生变化，恶劣的天气条件使救援行动难以进行，污染物的清除工作会受到影响，增加了溢油风险。综上所述，运输石油的船只应选择合适的运输路线，要考虑经过区域受体的类型、特殊风险受体（如保护区）、运输费用、易受害的社会财富等众多因素，尽量避开那些不利的天气条件，一旦发生风险，也是风险最小化的路线。

2.3.2　风险受体

风险受体是指风险因子可能危害的人，海洋生态系统，特殊保护的区域和社会经济系统，如海洋保护区、风景游览区、滨海湿地、产卵场、索饵场等，风险受体具有较强的不确定性。

风险受体的规模、抵抗力、恢复力、价值都影响着风险的大小，如海洋生物物种越丰富、生物量越大，生态系统越重要、价值越高，该地区的风险损失就越大。

生态系统的恢复力是指系统在能够保持其结构、功能、特性不发生较大改变的情况下能够承受的最大压力。有些海洋溢油污染事故造成海洋生态系统稳定性的破坏，使其在短时间内很难再恢复。

社会经济系统恢复力是指人类社会经济系统承受外部对基础设施的打击能力或干扰能力，即从中恢复的能力。社会经济财产主要包括动产和不动产两部分，动产是指运输中的货物、各种交通工具等；不动产包括各种土地利用及自然资源。

第3章 突发性海洋溢油污染事故风险源危险性评价

3.1 危险源识别

危险源识别是指识别危险源的存在并确定其特性的过程。危险源识别是建立风险预控管理体系的基础工作和主要内容，只有辨识了危险源之后，才能对其进行风险评估，进而制定合理的控制措施，建立风险预控管理体系。危险源包括物的不安全状态、人的不安全行为和管理缺陷三个方面（图3-1）。

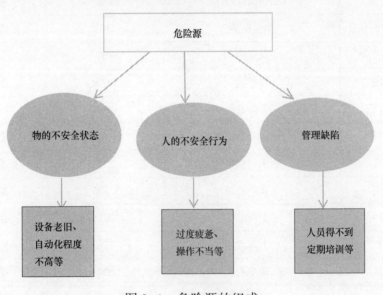

图 3-1 危险源的组成

提高受体的抵抗力是降低风险的一种措施，加大生态保护与建设的力度，严格控制围填海的面积和填海方式，提高生物多样性，保护自然岸线和滨海湿地等敏感区域，避免改变区域原有的潮流场，增强生态系统的抵抗力和恢复力。

3.1.1　海洋溢油污染事故危险源分析

近年来，海洋溢油污染事故日益频繁，通过全面分析 1971—2011 年我国发生的典型的海洋溢油污染事故可知，这 41 年共发生溢油量在 50 t 以上的海洋溢油污染事故 82 起，其中 73 起是船舶溢油，4 起是输油管道溢油，3 起是石油平台溢油，2 起是码头油库区溢油（表 3-1）。由此可见，我国海洋溢油污染事故主要有四大来源：一是船舶溢油事故；二是输油管道溢油事故；三是石油平台溢油事故；四是码头油库区溢油事故，其中船舶溢油事故是所有海洋溢油事故中占比最大的类型。

表 3-1　1971—2011 年我国海洋溢油事故风险源类别统计

事故时间	事故地点	溢油量/t	事故源头
1974.9.30	青岛港	895	船舶溢油
1975.2	福州闽江口	128	船舶溢油
1975.4	秦皇岛港	30	船舶溢油
1975.6	大连港	100	船舶溢油
1976.2.16	汕尾港	8 000	船舶溢油
1976.2.17	广东丰海县外海	200	船舶溢油
1976.6.23	威海以北海面	330	船舶溢油
1977.5.31	汕头南澳岛	350	船舶溢油
1978.1.9	上海港外海	1 400	船舶溢油
1978.4.26	上海港	655	船舶溢油
1978.7.8	上海港	178	船舶溢油
1979.1.31	广东牛头岛	200	船舶溢油
1979.6.19	青岛港	355	船舶溢油
1983.10.11	广东碣石湾外海	750	船舶溢油
1983.11.25	青岛港	3 343	船舶溢油
1984.4.5	广东横栏岛	685	船舶溢油
1984.5.11	温州海域	400	船舶溢油

事故时间	事故地点	溢油量/t	事故源头
1984. 8. 28	青岛港	757	船舶溢油
1985	鲅鱼圈	50	船舶溢油
1986. 12. 6	烟台婆婆石湾	200	船舶溢油
1989. 8. 14	上海港	64	船舶溢油
1989. 1	长山水道	300	船舶溢油
1990. 6. 8	大连老铁山	100	船舶溢油
1991. 3. 7	长江口	200	船舶溢油
1991. 11. 5	温州港	95	船舶溢油
1992. 9	威海成山头海域	300	船舶溢油
1992. 1	山东长山水道	130	船舶溢油
1993. 2. 8	天津新港	50	船舶溢油
1994. 5. 23	上海港	100	船舶溢油
1994. 7. 8	青岛港	100	船舶溢油
1994. 7. 14	汕头	50	船舶溢油
1994. 8	大连港	81	船舶溢油
1994. 8. 16	威海成山头水域	100	船舶溢油
1994. 4	福建东南海面	650	船舶溢油
1995. 4. 13	山东石岛港外	460	船舶溢油
1995. 4. 30	厦门港	200	船舶溢油
1995. 5. 1	防城港	144	船舶溢油
1995. 5. 21	厦门港	153	船舶溢油
1995. 6. 9	威海成山头	410	船舶溢油
1995. 8. 20	广州港	200	船舶溢油
1995. 10. 14	北海市	250	船舶溢油
1995. 8. 25	海南万宁县	1 500	船舶溢油
1996. 1. 2	威海刘公岛	150	船舶溢油
1996. 1. 25	福建湄洲湾	632	船舶溢油
1996. 3. 8	厦门港	900	船舶溢油

续表

事故时间	事故地点	溢油量/t	事故源头
1996. 5. 1	大连港	476	船舶溢油
1996. 7. 19	上海港	159	船舶溢油
1997. 2. 1	湛江	240	船舶溢油
1997. 6. 3	南京港	1 000	船舶溢油
1997. 8. 23	吴淞口外	100	船舶溢油
1997. 12. 26	广东东莞	50	船舶溢油
1998. 1. 20	黄河口	120	船舶溢油
1998. 9. 12	吴淞口	272	船舶溢油
1998. 11. 13	珠江口	1 000	船舶溢油
1999. 1. 23	长江横沙锚地	500	船舶溢油
1999. 3. 24	广东伶仃水道	589	船舶溢油
1999. 3. 24	珠海	150	船舶溢油
2000. 11. 1	珠江口	200	船舶溢油
2000. 6. 6	福州港	75	船舶溢油
2000. 11. 14	珠江口	230	船舶溢油
2000. 11. 15	东营港	100	船舶溢油
2001. 1. 27	福建平潭	2 500	船舶溢油
2001. 6. 16	香港	400	船舶溢油
2001. 9. 20	厦门港	90	船舶溢油
2002. 7. 13	舟山港	200	船舶溢油
2002. 10. 9	汕头南澳岛	900	船舶溢油
2002. 11. 23	天津港外	160	船舶溢油
2004. 12. 7	珠江口	1 200	船舶溢油
2005. 4. 3	大连港	100	船舶溢油
2005. 4. 20	福建晋江围头湾	380	船舶溢油
2006. 3. 21	台州	187	船舶溢油
2006. 4. 22	舟山	477	船舶溢油
2009. 9. 15	珠海	50	船舶溢油

事故时间	事故地点	溢油量/t	事故源头
1973	香港	4 000	码头油库区
1989	山东黄岛	630	码头油库区
1984.4.13	秦皇岛山海关	1 470	输油管道
1988.8	宁波算山码头	293	输油管道
1973.11.26	大连港	1 400	输油管道
2010.7.16	大连港	1 500	输油管道
1980.4	北海油田	1 789	油田、海上石油平台
1988.7	渤海七号钻井平台	100	油田、石油平台
2011.6	蓬莱	205	油田、石油平台

高亚丽（2015）提出船舶溢油事故是指船舶及其有关作业活动发生油类或油性混合物泄漏造成的海洋环境污染事故，主要分为海损性溢油事故和操作性溢油事故。引发船舶溢油污染事故的因素很多，除了装卸作业、舱底阀未关等操作性失误导致溢油事故外，还包括船舶碰撞、搁浅、沉没、触礁等因素造成的意外事故，并且意外事故是造成船舶溢油的主要原因。

3.1.2　危险源辨识

1. 危险源辨识的基本原则

1）系统性原则

海洋溢油风险是一个系统，它是由相互依赖、相互影响、相互作用的若干个子系统构成的具有特定功能的整体。海洋溢油风险的发生、防控和管理涉及港区码头状况、设备水平、天气状况等诱发因素及溢油风险受体多个系统。只有采取系统分析的手段，才能客观分析海洋溢油风险发生、发展和演化的趋势与规律。

2）全面性原则

在识别海洋溢油危险因素和影响因子时，要做到全面，既要考虑海上石油平台、输油管道、港口码头以及岸上的存储油罐等固定风险源，还要考虑船舶运输等移动风险源。危险源辨识应全面考虑系统过去、现在及将来三种时态，正常状态、异常状态和紧急状态三种状态。

3）动态性原则

潜在的风险源、风险诱发因素、风险转运空间以及风险受体的时空特性和其他性质发生变化，区域海洋溢油风险也将随之变化。随着社会经济的发展，人类对风险事件的判断标准也会发生变化，社会最大可接受水平也会有所变化，因此，风险源的识别应具有动态性。

4）科学性原则

危险及有害因素辨识是分辨、识别、分析确定系统内在的危险，而并非研究防止事故发生或控制事故发生的实际措施，这就要求进行危险源辨识必须要有科学的理论做指导，正确、客观地揭示危险源系统的安全状况，分析影响系统状态的因素构成、存在方式、事故发生的途径及其变化规律，以定性或定量的概念清楚地表达出来。

2. 危险源辨识的内容

危险源辨识的内容包括人的不安全因素危险源辨识、机器设备的不安全因素危险源辨识、环境的不安全因素危险源辨识、管理制度的不安全因素危险源辨识。危险源辨识不同于防患排查，防患排查是检查已经出现的危险，排查的目的是整改，消除隐患。而危险源识别是为了明确所有可能产生或诱发风险的危害因素，辨识的目的是对其进行预先控制。危险源主要包括物的不安全状态、人的不安全状态和管理缺陷三个方面。

1）物的不安全状态

（1）设备陈旧老化；

（2）设备技术水平落后；

（3）自动化程度低；

（4）导航助航设备落后；

（5）航道拥挤程度。

2）人的不安全状态

（1）不熟悉机器性能；

（2）疏忽大意；

（3）操作错误；

（4）过度疲劳。

3）管理缺陷

（1）人员培训不定期或者培训不到位；

（2）人员安排不当；

（3）规章制度缺陷。

3.1.3 海洋溢油污染事故风险源识别

通过对典型的海洋溢油污染事故统计分析，识别出海洋溢油污染事故风险源主要包括：港区设备、自然环境、通航环境、管理水平和人为因素五个类别。

1. 港区设备因素

1）港口码头

港口码头分为石油码头、杂货码头、集装箱码头和客运码头，不同的码头类型发生海洋溢油污染事故的概率不同。石油码头作为海上石油装卸的一个重要平台，其输油臂、阀门、泵等作业设备必须具有耐压、防腐防爆性能，当设备出现老化或者运行故障时，必须及时处理，否则就可能引发溢油污染事故。

2）石油平台

按照作业方式，海上石油平台分为钻井平台、采油平台和储油平台。平台的类型、平台的年龄、设施老化程度、工艺设备水平、安全装置配置等因素对海洋溢油污染事故均有一定的影响。钻井过程中，由于对地层、油藏等信息的不确定，易造成地层溢油，甚至发生井涌，如若控制不及时或控制失效，就会造成后果严重的井喷事故，因此钻井类型、是否有合理的钻井方案并严格按规范操作、对地层及油藏的了解程度、钻井顶部驱动钻井装置的配备情况、井涌检测设备及井喷控制装置的完好程度等都对海洋溢油污染事故有一定影响。海洋石油生产平台发生井喷的概率较低，溢油事故的发生主要与过驳船舶的碰撞、外输失误以及油气处理设备破裂等造成的原油泄漏有关，因此影响海洋石油生产平台溢油风险的主要因素为油气外输情况、平台的压力、常压设备的安全装置配备、油水罐和工艺管线外部密封性以及注水系统工作情况等。

3）船舶

船舶的船型、技术设备、吨位、船龄、船舶设备的可靠性、船舶的可操作性等对船舶安全航行具有一定影响。船舶分为油船、货船、渔船和客船等，大型溢油污染事故多发生于油船，货船和其他类型的船舶若发生溢油多为燃料油，对海洋生态环境影响较小。油船的船型分为单壳船和双壳船，双壳船发生燃油泄漏的概率要小得多。双壳船在轻度搁浅和碰撞事件中不会发生油污染事故。船龄在一定程度上反映了油船的建造年代或服役期的长短，能够间接反映油船制造的技术水平、设备可靠性、油船自动化程度等自然状态，船龄越大，破损越严重，发生海洋溢油污染事故的可能性就越大。船舶吨位越大，发生溢油污染事故时溢油量越大。船舶的技术状态越好、设备的可靠性及可操作性越好，发生海洋溢油污染事故的可能性就越小。

4）输油管道

导致海底输油管道破损的因素有很多，当管道因为冲击、腐蚀、损坏、断裂、材料缺陷等因素而失效时，则可能引发海洋溢油污染事故，对海洋生态环境造成严重破坏。可能导致海底管线漏油的因素包括：海底管线长期运行受海流和风浪的起伏而受力震动疲劳、管线发生水击压力升高致海底管线波动位移拉力作用，海湾海底急海水旋流长期冲刷海底管线泥沙，使部分管段悬空受力拉裂，均可造成管线破裂；海上作业抛锚、轮船航运偏离航道误碰损坏管线，造成海底管线损坏；海底管道使用材料有缺陷，施工中造成的管道破坏未及时发现等都会对管道造成损坏。海洋大气盐分、温度、湿度、光照、海水盐度、含氧量、氯离子含量、海洋生物和泥沙成分等对管道的腐蚀也会对管道造成损坏。

5）石油储备基地

石油储备基地主要就是近岸的油品库，油品库的主要风险事故为泄漏和火灾。输油管道泄漏、入孔、阀门出现问题、罐体破裂等均会造成溢油污染事故。油罐内燃烧、油罐顶被炸开、油罐爆裂等因素容易造成火灾，引发严重事故。

2. 自然环境因素

1）气象条件

恶劣的天气条件能诱发海洋污染事故或者加重事故危害的后果。气象条件主要包括风速、能见度等因素。在大风条件下，容易导致船舶倾斜或者翻沉而引发溢油污染事故，且风可能在事故发生后加大油污的扩散速度，进而加大受污染面积，加剧了对生态环境的危害性，并且增加了应急油污处理的难度。雾直接影响着能见度，船舶在能见度不良的情况下易发生搁浅、碰撞、偏航和触礁等危险。

2）海况条件

石油开采及船舶运输受浪高、水深、冰期等因素的影响。潮流的大小直接影响到船体性能的正常体现，不仅可能导致海洋溢油污染事故的发生，还可能成为事后油污处理的阻碍因素。水浅的区域船舶容易发生搁浅、触礁等事故。海冰过多会对船舶航行产生不利影响。

3. 通航环境条件

通航环境包括通信状况、航道条件、导航助航设备等。通信设备状态良好可以有效避免有可能发生的溢油污染事故，也会对溢油应急起到重要作用，通信状况包括船岸通信、船舶通信和岸岸通信的状况。良好的导航助航设备能够保证船舶的安全航行，是保证船舶顺利通行到达码头的重要保证。航道拥挤程度指的是船舶的交通密度，航道拥挤长度越高，船舶相遇的概率也就越大，对船舶的设备以及船员的技能等要求的条件就越高，发生船舶交通事故的可能性就越大。

4. 管理水平因素

管理人员得不到定期专业培训，或者是管理不严，培训不到位，技术水平不高，人员责任心不强，没有良好的规章制度，不能够定期进行安全检查，其在接油—航运—卸油的全过程管理中必然出现问题，进而加大了船舶的溢油风险。为了保证船舶能够顺利地完成输油工作，高水平的组织管理必不可少。良好的规章制度，对其人员进行定期的专业培训，使其掌握最先进的操作技能，制订完善的应急计划和应急方案，才能从根本上预防溢油事故的发生。

5. 人为因素影响

人为因素是导致船舶溢油的重要因素，不少海洋溢油事故是人员操作不当引起的。据国际海洋界 2011 年的统计结果，人为因素导致的船舶事故比例为：搁浅 87%，火灾爆炸 76%，碰撞 94%，触碰 72%。船舶溢油事故的人为因素包括人员素质、生理因素、心理因素和技能因素四个方面。

1) 人员素质

人员素质指人员受教育的程度，学历高的或者经过专业培训的船员有着更好的专业技能水平，能快速应对各种突发状况，做出准确反应，降低溢油污染事故的发生概率或者减少溢油污染事故的影响。

2) 生理因素

船员如果处于生理上的某种病痛或者是由于心理素质不是很好而持续紧张，再加上风浪的加大等外在附加条件，易产生烦躁、焦虑、疲劳等情绪，会导致错误的判断和操作，造成海洋溢油污染事故。

3) 心理因素

每个船员的心理特征各有不同，对于载油船舶的安全航运起着截然不同的作用，一个人过于愤怒或过于兴奋都不利于油船安全航行。

4) 技能因素

一个船员的从业时间与其个人的专业技能水平有着直接联系，是影响船员技能的最主要因素。从业时间越长，工作经验越丰富，对其所在水域范围内的事物越熟悉，越能够有效减少失误的发生，降低搁浅等船舶航行事故。

3.2　危险源分级评价方法

3.2.1　危险源分级评价方法

1. 指标评价法

指标评价法主要是根据典型的海洋溢油污染事故分析，剖析海洋溢油风险的影响因素及各因素之间的关系，对生产系统的工艺、设备、环境、人员、管理等方面的状况进行定性的评价。该类方法简单、便于操作、评价过程和结果更为直观，但是对经验的要求很高，有一定的局限性。

2. 危险指数评价法

目前常用的危险指数评价方法主要是美国 DOW 化学公司的火灾、爆炸指数、英国帝国化学公司 ICI 蒙德火灾、爆炸、毒性指数法。

DOW 火灾、爆炸危险指数法主要是以物质系数为基础，再考虑工艺过程中其他因素（如操作方式、工艺条件、设备状况、物料处理、安全装置等）的影响，计算每个单元的危险指数值。该方法能客观地量化潜在的火灾、爆炸和反应性事故的预期损失，但在评价时较为繁琐，评价周期长，需要的数据量大，可操作性差。

ICI 火灾、爆炸、毒性危险指数法是由物质、工艺、毒性、布置危险计算采取措施前后的火灾、爆炸、毒性和整体危险性指数，评定各危险性等级。该评价方法要求评价人员熟练掌握方法、熟悉系统、有丰富的专业知识和良好的判断能力，未考虑危险物质和安全保障体系间的相互关系。

3. 概率风险评价法

概率风险评价法是根据元部件或子系统的事故发生概率，求取整个事故的发生概率，是最典型、应用最广的定量风险评价方法。概率风险评价法主要针对系统进行风险评价，在核工业、化工、航天领域的安全性工作中有着重要地位。该方法系统结构清晰、相同元件的基础数据相互借鉴性强，但要求数据准确、充分，分析过程完整，判读和假设合理。

3.2.2　重大危险源分级方法

《危险化学品重大危险源辨识》（GB 18218—2018）中对是否构成重大危险源给出了判定依据。

单元内存在的危险物质为单一品种，则该物质的数量即为单元内危险物质的总量，若等于或超过相应的临界量，则被定义为重大危险源，计算方法见式（3-1）：

$$\sum_{i=0}^{n} \frac{q_i}{Q_i} \geq 1 \qquad\qquad (3-1)$$

式中，q_i是危险物质的实际贮存量；Q_i是危险物质的临界量。

　　单元内存在的危险物质为多品种时，则按照式（3-2）计算，若满足式（3-2），则定义为重大危险源，《危险化学品重大危险源辨识》中关于危险物质的临界量见附表 1～附表 4，未列举的危险物质类别及其临界量参考附表 5～附表 7。

$$\frac{q_1}{Q_1} + \frac{q_2}{Q_2} + \cdots + \frac{q_n}{Q_n} \geq 1 \qquad\qquad (3-2)$$

式中，q_1，q_2，$\cdots$，q_n是危险物质的实际贮存量；Q_1，Q_2，$\cdots$，Q_n是危险物质的临界量。

　　目前，国内常用的重大危险源分级方法主要有死亡人数及财产损失法、神经网络法、校正比值求和法和模糊综合评价法。

1. 死亡人数及财产损失法

　　死亡人数及财产损失法是以事故后果分析为基础，结合死亡概率模型，以事故可能造成的人员死亡量和财产损失量为依据进行重大危险源分级。将重大危险源周边区域划分成若干个网格，确定每一网格内的人员数量，通过事故后果模型计算每一网格中心的死亡率，将每一网格中心的死亡率乘以人数数量得到死亡人数。财产损失采用 TNT 当量法计算。

2. 神经网络法

　　目前比较经典的神经网络模型有 BP 神经网络模型和 H 动态神经网络模型两种。BP 神经网络法是一种按误差反向传播训练的多层前馈网络，不仅具有输入和输出单元，还有一层或多层隐单元，输入层参数为危险源特性指标向量，输出层参数为危险源危害等级向量。对重大危险源进行分级，首先将危险性分级评估指标量化，将这些量化指标作为输入参数，确定分级结果。

3. 校正比值求和法

　　校正比值求和法通过计算实际量与临界量比值，进行校正求和得出分级标准，能快速地计算出结果，简单易行，便于操作，一致性好，但方法单一，存在误差。

4. 模糊综合评价法

模糊综合评价法是一种基于模糊数学的综合评价方法，该方法根据模糊数学的隶属度理论把定性评价转化为定量评价，即用模糊数学对受到多重因素制约的实物或对象做出一个总体的评价。它具有结果清晰、系统性强的特点，能较好地解决模糊的、难以量化的问题，适合各种非确定性问题的解决。对重大危险源进行风险评价时，有些指标或因素是清晰的，有些是模糊的，因此对于因素或指标运动模糊概念的数学表达是必要的。

3.3　海洋溢油污染事故风险源危险性影响因素分析

3.3.1　自然条件因素影响

1. 风的影响

风对油轮或油船的正常航运产生较大影响，风不仅能够诱发溢油事故，还有可能在事发后加大油污的扩散速度，进而加大受污染的面积，加剧对海洋环境的危害性，也加大了应急处理油污的难度。气象学中的风力是根据其速度确定风的级别的，风力分级与对应的风速如表 3-2 所示。

表 3-2　风力等级对照表

风级	名称	风速/（m/s）	海面波浪	浪高/m
0	无风	0.0~0.2	平静	0.0
1	软风	0.3~1.5	微波峰无飞沫	0.1
2	轻风	1.6~3.3	小波峰未破碎	0.2
3	微风	3.4~5.4	小波峰顶破裂	0.6
4	和风	5.5~7.9	小浪白沫波峰	1.0
5	清风	8.0~10.7	中浪折沫峰群	2.0
6	强风	10.8~13.8	大浪到个飞沫	3.0

风级	名称	风速/（m/s）	海面波浪	浪高/m
7	疾风	13.9~17.1	破峰白沫成条	4.0
8	大风	17.2~20.7	浪长高有浪花	5.5
9	烈风	20.8~24.4	浪峰倒卷	7.0
10	狂风	24.5~28.4	波浪翻滚咆哮	9.0
11	暴风	28.5~32.6	波峰全呈飞沫	11.5
12	飓风	32.7~36.9	海浪滔天	14.0

2. 雾的影响

雾直接影响着能见度，对于载油船舶的正常航行起到至关重要的作用。能见度越好，辨识度就越高，越有利于油船驾驶员对危险的规避，能够很大程度上降低船舶溢油事故的可能性。雾、降雨、降雪等对于能见度的影响均较大（表3-3）。雾是影响能见度的主要因素，雾能直接影响交通量和交通事故的发生率，在能见度不良的情况下，油船发生碰撞的危险性极高。

表3-3　雾的等级划分表

等级	雾级名称	能见度距离/m
0	浓雾	50以内
1	厚雾、暴雪	50~200
2	大雾、大雪	200~500
3	雾、中雪	500~1 000
4	轻雾、暴雨	1 000~2 000
5	轻雾、小雪、大雨	2 000~4 000
6	中雨、小雨	4 000~10 000
7	小雨、毛毛雨	10 000~20 000
8	没有降雨	20 000~50 000
9	晴朗	50 000以上

3. 浪高的影响

浪高是直接反应海水波动的行为。波高与海浪级别密切相关，海浪级别越高，相应的波高就越大，对船舶安全的影响就越大。在大风大浪中，船舶容易发生横摇、纵摇等运动，给船舶的安全航行带来较大的影响，容易造成海难事故。波高大小对于油船发生溢油事件后溢油的清除也具有重要影响。围油栏、油回收器等的使用对溢油海面波浪的高度都有一个适用范围，超出了这个范围，其能力将大大降低，甚至不能使用。

4. 水深的影响

水深是船舶安全航行的基本保障，水浅的区域容易发生搁浅从而导致溢油事故的发生。在受限水域航行，由于浅水效应、岸壁效应以及船间效应，船舶的航行安全会受到影响。

5. 冰期的影响

冰期时间越长，对油船的安全航行越不利。船舶在港区往来进出，浮冰被反复破碎又层层叠积，冰的厚度大大增加，给船舶进出港航行、操纵及靠离码头作业等带来极大困难。严重的冰清使航道冰封，交通中断，作业停顿，如果油船被冻在海上，对油船安全威胁极大，容易导致溢油污染事故的发生。

3.3.2　油船自身因素影响

1. 船舶类型的影响

油船分为单壳船和双壳船。目前单壳船虽然少，但是仍占有一定的比例，单壳船本身不是造成事故的主要原因，但是一旦发生碰撞、搁浅，就会发生溢油事故。双壳船发生溢油的概率低。双壳船在轻度搁浅和碰撞事件中不会发生油污染事故，在重大事故发生后，若双壳船内体没有受损，将不会有货油外溢，这样可有效地防止或减少油船搁浅或碰撞事故发生后对海洋生态环境的污染损害。

2. 船舶吨位的影响

油船吨位反映了油船规模大小，对油船吨位各国家进行等级划分的方法并不一致，表3-4是一种吨位等级划分标准。油船的吨位对于油船溢油风险的影响是间接的，主要体现在对油船运动性能、操纵性能的影响。油船须具有良好的操纵性能，即具备良好的航行稳定性、旋回性以及停船性等性能，是保障油船安全航行的重要条件之一。大型油船大多航行于远洋航线，进出港次数较低，小型油船则相反，大部分时间是在港内和沿岸的密集水域里航行，进出港次数明显较多，所以在我国吨位小的油船比吨位大的油船发生溢油事故的次数多，但是大吨位的油船一旦溢油，其危害程度要比小吨位油船的大。

表 3-4　油船吨位的等级划分

油船等级	总吨位/t
小型船	100~500
中型船	500~3 000
大型船	3 000~20 000
巨大型船	20 000~100 000
超大型船	100 000 以上

3. 船龄的影响

船龄是指船舶的年龄，能够间接反映出油船的建造年代、技术水平、设备可靠性等船舶的自然状态指标。船龄越大，船舶腐蚀的程度越高，设备越老化，船舶结构强度就越小，其发生油船海事和溢油事故的可能性就越大。依据中国远洋运输公司的规定，可将油船的船龄分为如下几个船龄段：1~5 年，5~10 年，10~15 年，15~20 年，20 年以上。随着油船船龄增长，其制造技术水平往往落后于越来越严格的防止油船溢油的要求，加上油船各种设备的老化、技术状态不佳，一旦发生溢油事故，其对溢油的控制往往无能为力，无法有效地遏制溢油的状态，继而使得油船的溢油事故规模扩大、危害恶化。

4. 油船的技术设备状态

油船的技术设备状态包括适航性、自动化程度、可操纵性等几个方面，技术设备状态良好的油船，对于海事的规避能力强，发生海事的可能性小。油船的自动化程度越高，可操纵性越强，油船发生溢油污染事故的可能性就越小。

3.3.3　港口及通航环境因素影响

1. 航道的影响

优良的航道条件，完善的导航助航设备是保障油船航行的基本条件，能够有效降低油船发生碰撞、搁浅等事故的可能性。沿岸水域、港口区附近水域、狭水道等航行水域是船舶交通事故的多发区域。当船舶航行至航道弯曲处，易受到航道弯曲度与航道水流变化的影响，造成船舶操作难度增大，容易发生船舶交通事故。

2. 交通密度的影响

交通密度高的区域，油船相遇的概率大为增加，发生油船碰撞、油船溢油事故的可能性相对较高。码头、港口等油船密度大的区域是船舶事故的多发地。

3. 港口通信状态的影响

港区通信尤其是油船航行调度、监控等通信至关重要，对降低油船海事、避免溢油污染事故的发生具有重要作用。通信状态在气象海况条件恶劣的情况下尤为重要。通信状况越好，越有利于油船安全，油船发生溢油事故的可能性就降低。

3.3.4　人为因素影响

1. 人的生理因素

船员如果一直处于持续紧张状态、疲劳状态，就会出现反应迟钝，甚至判断错误等现象。再遇到海况恶劣或者航行环境比较复杂的水域时，船员在操作过程中更容易出现操作失误，直接影响到航行安全，从而引发海洋溢油污染事故。风浪较大、油船密度较大或者航道情况复杂多变，均可导致船员的情绪变化，过度消耗精力，从而产生疲劳，不利于油船的安全航行。

2. 人的心理因素

不同的船员具有不同的心理特征，不同的心理特征对船舶航行安全的影响也是有区别的。人们的心理会受到个人欲望、知识水平和个人情绪等因素的影响。当知识水平较高、个人欲望较少和情绪较稳定时，发生事故的可能性相对较小。心理素质越好的船员，在应对复杂海况等情况时更加从容淡定，越有利于航行安全，从而减少溢油事故的发生。

3. 海上服务时间

海上服务年限直接反映了船员从事该行业的时间，间接反映了其技术水平。海上服务时间长短决定了船员对水域环境的熟悉程度，在海上服务时间长的船员，不仅能够快速掌握船舶本身的各种性能，而且有足够的经验，了解船舶所处的外界环境情况，更加从容地面对各种航行状况，降低航行事故的概率。

4. 受教育程度

受教育程度直接反映了船员各方面的素质，学历较高的且经过正规机构培训的船员，在遇到紧迫情况时具有自信心，能够快速和准确地做出相应的反应，降低事故发生的可能性。

3.4　海洋溢油污染事故风险源的危险性评价

突发性海洋溢油污染事故风险源危险性评价是对风险源自身危险性的分析，而风险源的危险性包括风险源自身物理危险性和控制机制有效性两方面。控制机制包括对风险源的相关设施控制、维护与管理，使之良好运作等主要与人有关的因素，还包括一旦溢油已经发生，对船舶风险的自然条件的控制，避免造成更大的损害。

3.4.1 溢油污染指数计算

海洋溢油事故包括船舶运输溢油、海上石油平台溢油、输油管道溢油和储油罐溢油等，根据溢油量、污染概率和最短到达时间，计算出溢油污染指数，公式如下：

$$C_{ik} = \frac{P_{ik} \times Q_{ik}}{T_{ik}} \tag{3-3}$$

式中，C_{ik} 为第 i 种风险源在第 k 个网格单元的溢油污染指数；P_{ik} 为第 i 种风险源在第 k 个网格单元的污染影响概率；Q_{ik} 为第 i 种风险源在第 k 个网格单元可能造成的溢油量；T_{ik} 为第 i 种风险源溢油到达第 k 个网格单元的最短时间。

3.4.2 诱发因素的危险性

风浪、海雾、海冰、水深等因素不同程度地影响着海洋溢油污染事故溢油风险。大的风浪容易对船舶安全航行造成较大危害。一方面在大风浪中，船舶容易产生横摇、纵摇和垂荡等运动，这些运动给船舶的安全航行带来较大的影响，容易发生机损、货损和海难事故；另一方面风决定着油带的飘移方向并加速油污的扩散，风越大，溢油污染的危害性越大。在海上船舶航行过程中，主要受海雾的影响而造成能见度不良，能见度越高，油船发生碰撞的概率就越小。海冰、波浪和水深都影响着行船的安全，海冰越多、浪越大、水越浅的海域，发生溢油事故的概率越大。诱发因素的危险性表征为：

$$m = w_1 m_1 + w_2 m_2 + \cdots + w_i m_i$$

式中，m 为诱发因素的危险性；w_1，w_2，$\cdots$，w_i 为指标权重；m_1，m_2，$\cdots$，m_i 为第 i 种诱发因素指标。

3.5 控制机制的有效性

海洋溢油风险控制机制都是定性的描述指标，一般取决于应急投入和应急预案状态。在对控制机制有效性进行评价时，不仅要考虑影响控制机制的各要素的属性，还要减少个人主观臆断带来的弊端。通常采用层次分析法、专家打分法以及模糊评价法等对指标进行定量化。

3.6　突发性海洋溢油污染事故风险源综合危险性

针对每个单元网格，将海区内不同污染源的单个溢油污染指数进行叠加，最后得到该网格的综合溢油污染指数，计算公式如下：

$$C_k = \sum C_{ik}$$

式中，C_k 为第 k 个单元网格的综合溢油污染指数；C_{ik} 为第 i 种风险源在第 k 个网格单元的溢油污染指数。

第4章 突发性海洋溢油污染事故风险 受体脆弱性评价

4.1 海洋溢油风险受体脆弱性概念模型

海洋溢油的危害是危险因子作用于风险受体而发生的，同样的海洋溢油风险强度，发生在不同的区域，风险受体不同，造成的溢油风险亦有很大差异。海洋溢油污染事故发生在远海，发生在海洋保护区附近，或发生在养殖区、旅游区附近，产生的影响是有巨大差别的。

美国学者 Clements（Alloy，1992）于 1988 年首次阐述了"脆弱性"的概念，他认为生态脆弱性是在大规模人类经济活动或者严重自然灾害的干扰下，生态系统平衡状态的破坏。国内脆弱性研究始于 20 世纪 80 年代对生态脆弱区域的识别，牛文元（1989）等将"生态环境脆弱带"重新定义为：在生态系统中，处于两种或两种以上的物质体系、能量体系、结构体系、功能体系之间所形成的"界面"，以及围绕该界面向外延伸的"过渡带"的空间区域。20 世纪 90 年代之后，国内脆弱性研究向多元化的方向发展，许多学者围绕不同典型生态环境脆弱区进行了生态系统脆弱性理论与评估实证研究。进入 21 世纪，国内外有关脆弱性的研究主要集中在自然生态系统领域，国外学者主要通过构建脆弱度指数对生态风险受体的脆弱性进行评价（Kaly et al.，2002；Pratt et al.，2004；Lange et al.，2010），国内学者提出脆弱度大小由生态系统类型决定（乔青，2008）。

近年来，随着污染事故日益增多，脆弱性研究在环境风险和溢油风险领域得到一定发展。毕军（2006）提出风险受体是指风险因子可能危害的人、有价值物体、自然环境及社会系统。Hong（2006）等提出海岸带脆弱性评价应该包括环境、经济、社会和公共基础四个部分。此外，2006 年《Global Environmental Change》

一书指出，暴露、敏感性、弹性/适应能力是脆弱性的构成要素，并主要探讨了社会-生态框架下，脆弱性、适应能力、弹性的概念及研究现状（Adger，2006；Vogel，2006；Smit et al.，2006）。Adger（2006）认为：①脆弱性分析必须以地区为基础；②脆弱性分析包含暴露分析、敏感性分析及适应能力分析；③脆弱性评估必须从社会、生态两方面考虑。Collins（2009）从污染事故本身的危害性和社会经济脆弱性两方面综合考虑，对区域环境风险受体脆弱性进行评价。兰冬东（2009）从暴露程度和恢复力两方面构建风险受体脆弱性指标。薛鹏丽（2011）在考虑暴露风险受体敏感性和适应力的基础上，构建环境风险受体脆弱度指数概念模型。随着海洋溢油污染事故的日益增多，针对海洋溢油的海岸带和近岸海域脆弱性评价也得到了一定的发展（Weslawski et al.，1997；Fattal et al.，2010；Castanedo et al.，2009）。宫云飞（2015）从海洋溢油风险受体的暴露程度和恢复力两方面构建了脆弱性概念模型，在此基础上建立了风险受体脆弱性评价指标体系和量化模型，并对大连市近岸海域溢油风险受体进行了分区。

4.2　海洋溢油风险受体脆弱性影响因素分析

海洋溢油风险受体的脆弱性受多种因素的影响，风险受体的脆弱性是在暴露程度、敏感性和适应能力相互作用下形成的，风险受体的规模、抵抗力、恢复力、价值都影响着风险的大小，生物物种越丰富，生物量越大，价值越高，该地区的风险损失就越大。

暴露程度反映的是系统受环境和社会压力或冲击的程度，暴露程度的大小直接决定了系统在溢油污染事故影响下的损失大小，其取决于压力或冲击的强度、频率、持续时间以及对系统的邻近性。如在交通运输量密集区域相对于交通运输量稀少区域，发生溢油污染事故的可能性就较大；码头前沿更容易发生溢油事故，在距离这些区域近的单元比远处的单元暴露程度更大，受溢油影响的程度也较大，遭受的污染损失也更严重。

敏感性是暴露单元容易受到胁迫的正面或负面影响的程度，是胁迫与所产生后果之间多维度的剂量反应关系。敏感性反映的是系统对外界干扰易于感受的性质，主要取决于系统结构的稳定性、暴露类型、系统被破坏的临界条件等因素。

　　《船舶污染海洋环境风险评价技术规范》将环境敏感现状网格图分为自然、社会、经济三个方面，如表4-1所示，包括了岸线、动植物、保护区域、经济、文化、社会、娱乐等脆弱性指标。

表4-1　环境资源的敏感性分类表

资源分类		资源分类描述及敏感系数				
		很低	低	中等	高	非常高
自然与生态	岸线	极不敏感（码头、防波堤）	敏感度低（暴露的岩石、海岬、经常受海浪冲洗的基岩）	一般敏感（细沙滩，平坦的潮间带、泥岩、粗海滩）	敏感度高（滩涂、泥石海滩，砾质海滩，受遮蔽的岩石海岸）	敏感度极高（受遮蔽的平坦潮间带，盐泽地、红树林）
	动植物	对油类敏感的物种很少或没有	较小的短期影响（普通湿地）	敏感物种仅限于当地价值（市级湿地）	有限的中期影响（省级湿地）	敏感物种对当地和区域非常重要（国家级湿地）
	保护区域	无	风景或野生动植物保护区（区县级）	风景与自然保护区，野生动植物栖息地（市级）	海洋公园，海洋保护区，野生生物与海洋哺乳类动物栖息地（省级）	国际保护区域（国家级）
经济与社会	经济	无重要的经济资源或活动	对区域或国家的经济重要程度低（盐田）	仅对区域的经济会产生某些重大影响（一般养殖区、取水口）	对区域经济产生重大影响，一些产生国家重大影响（重要养殖区、取水口）	对国家经济产生重大影响（核电站取水口）
	文化	无文化重要性	对当地社会产生某些重要影响，对区域影响较低	对当地和地区社会产生重要影响，但对国家影响较低	对当地和地区社会产生重要影响，一些会产生国家重要影响	会产生国家重大文化影响
	社会、娱乐	无社会重要性	对地区或国家有较低的社会影响（一般浴场）	对地区社会有重要影响，但不会产生国家范围内的影响（中型浴场）	对地区社会有重要影响，一些会产生国家重要影响（大型浴场）	对国家产生重要影响（北戴河）

适应性是指系统应对外界胁迫或内部扰动的响应与应对能力，以及从溢油污染事故中恢复的能力，反映的是系统可避免损害的程度。适应能力包括两个方面：一是系统自身维持稳定性的能力；二是在经济政策干预下降低扰动带来的负面影响的能力，适应力的大小直接影响着系统在溢油污染事故中恢复的能力。

4.2.1　暴露程度

1. 海域敏感度

海洋生态环境敏感区是指海洋生态环境功能较高，当遭受溢油污染后其功能很难恢复的海域，如海洋保护区、产卵场、增养殖区、滨海湿地等。海洋生态环境亚敏感区是指具有较高生态服务功能的海洋生态系统，当遭受溢油污染后较难恢复其相关功能的海域，如滨海旅游区、休闲娱乐区等。海洋生态环境非敏感区是指海域的生态环境功能较低，当受到溢油污染后其功能相对容易恢复的海域，如港口航运区、一般工业用水区等。

《环境影响评价技术导则　生态影响》（HJ 19—2011）将海洋生态环境分为特殊生态敏感区、重要生态敏感区和一般生态敏感区，如表4-2所示。

表4-2　《环境影响评价技术导则　生态影响》生态敏感区分类

类　型	内　　容
特殊生态敏感区	国际公约、议定书、协定保护目标；受国家法律法规行政规章及规划保护的或监督管理的，如珍稀动植物栖息地或特殊生态系统、国际生物圈保护区、国家级自然保护区核心区和缓冲区、江河源头水源保护区等；列入珍稀动植物保护物种的生境及其他特有种的生境；鱼虾产卵场、天然渔场、鱼类洄游通道；典型海洋生态系统（珊瑚礁、红树林）等
重要生态敏感区	省级自然保护区、风景名胜区；人体直接接触海水的海上运动或娱乐区，与人类使用直接相关的工业用水区等
一般生态敏感区	除特殊生态系统和重要生态系统以外的其他区域

2. 岸滩类型

岸滩类型决定着该海域的脆弱性，渗透力越强的底质岸线，被搁浅的溢油越容易渗透到底质内部，并被埋藏起来，使其在环境中的残留时间越长，对系统的潜在危害也就越大。自然岸滩的脆弱性高于人工岸滩，自然岸线中砂质岸滩的脆弱性最高，淤泥质、基岩和人工岸滩的脆弱性依次减小。美国国家海洋与大气管理局（NOAA）有毒物品反应评估处研制的用于美国沿海和大湖地区溢油应急反应敏感图制作的岸线环境敏感性指数（ESI）将岸线分为10级，岸线环境敏感性指数1~10级敏感性逐步增大，如表4-3所示。

表4-3 ESI岸线环境敏感指数分级标准内容

ESI岸线级别	级别内容
1~2级	暴露的岩石河岸、湖岸和固体人工构筑物、岩石沙洲、岩基暗礁等
3~4级	细中粒沙滩、陡坎和陡坡，沙滩质、松散沉积物、沙质缓坡浅滩等
5~6级	沙与砾石混合海滩、砾石缓坡浅滩等
7~8级	抛石、暴露的潮间带、掩蔽的岩石海岸、砾石海滩、泥炭海岸线等
9~10级	掩蔽的潮间带、掩蔽的沙坪、植被海岸、淡水沼泽、灌木丛湿地等

3. 生物多样性指数

生物多样性指数反映的是海洋中所有生物（动物、植物、微生物等）它们所包含的基因以及由这些生物与环境相互作用所构成的生态系统的多样化程度，海洋生物多样性指数高的区域风险受体的脆弱性越大，溢油风险就越大。

4. 暴露距离

风险源离受体越远，受体面临的危险就越小，风险源与海洋保护区、产卵场等敏感区域应该保持一定的安全距离，在风险源与受体之间建隔离带在一定程度上也可减小风险。

5. 生物量

生物量反映的是海洋中浮游植物、浮游动物、底栖生物等的总重量，是物种数量的表征，生物量越大的地方说明海洋生物越多，风险受体的脆弱性就越大。

4.2.2　抵抗力和恢复力

海洋生态系统的恢复力是指系统在能够保持其结构、功能、特性不发生较大改变的情况下能够承受的最大压力。有些溢油污染事故造成海洋生态系统稳定性的破坏，使其在短时间内很难再恢复。

社会经济系统的恢复力是指人类社会经济系统承受外部对其的打击和干扰能力。社会经济财产主要包括动产和不动产两部分，动产是指运输中的货物、各种交通工具等，不动产包括各种土地利用和海洋自然资源。

1. 海区水交换能力

海区水交换能力与自净能力是决定海水环境质量优劣的重要因素，海水水体借助对流和扩散等物理过程，与周围的水体混合实现水体的交换，使海区石油类污染物的浓度降低，进而使水质得到改善。海区水交换能力与潮流速度有关，潮流速度越快，海水交换能力越强，能够有效缩短海岸溢油的残留时间，因为潮流速度快就可以将黏在固体表面的溢油冲刷掉并被反射的波浪带走，甚至可以将小颗粒的固体一并冲走从而降低溢油的残留时间，还可以通过移动潮间带的沙粒和碎石将搁浅的溢油埋藏起来，进而为底层水生生物提供一个较为优越的避难场所。所以，潮流速度越大，海水交换能力越强，海域的恢复力越强。

2. 降雨量

雨水的冲刷是溢油稀释、消解的方法之一，尤其对于基岩海岸的冲刷，雨水越大，冲刷能力越强，海岸的恢复力越强。雨水可以将吸附在岸滩表面的油污冲刷掉，从而降低溢油的残留时间，在溢油污染事故发生后必须经过一定时间的冲洗，才能彻底清除岸滩残留的油污。另外，降雨量的大小跟海洋生态资源中生物量的多少有重要关联，一个地区降雨量越大，该海域或潮间带生物网越复杂，生态系统的稳定性越强。

3. 区域人均 GDP 水平

人均 GDP 越高，说明工业技术水平越高，科学技术越发达，能够在溢油事故发生后，准确预测溢油扩散轨迹，并有充足的溢油应急物资和设备，应急管理水平较高，能够很好地控制和减少溢油事故给地区带来的损害。

4.3 海洋溢油风险受体脆弱性综合分析

海洋溢油风险受体是一个复杂的海洋生态系统，具有不确定性的特点，难以定量表征。本书从风险受体的暴露程度和恢复力两个方面构建海洋溢油风险受体脆弱性模型。风险受体的脆弱性与暴露程度成正比，与恢复力成反比。受体的敏感性越强，暴露程度越大，脆弱性就越大；受体的恢复力越强，脆弱性越小。所以风险受体脆弱性概念模型采用下式表达更符合真实关系：

$$V = \frac{E}{R} \tag{4-1}$$

式中，V 为溢油风险受体的脆弱度；E、R 分别为风险受体的暴露程度和恢复力。

海洋生态系统是一个包括海洋生物以及海洋保护区、海水浴场、砂质岸滩等敏感区域的复杂系统，海洋生态系统敏感度指数可表征为：

$$f(VE) = w_1 E_1 + w_2 E_2 + W_3 E_3 + \cdots + W_r E_r \tag{4-2}$$

式中，$f(VE)$ 为生态系统敏感度指数；E_1，E_2，$\cdots$，E_r 分别为海域敏感度、岸滩类型、生物多样性指数、生物量等区域内的敏感指数；w_1，w_2，$\cdots$，w_r 为各指标权重，且 $w_1+w_2+w_3+\cdots+w_r=1$，权重值通过专家打分法获得。

海洋生态系统受到干扰后，其本身具有一定的调节和修复能力，生态系统适应力指数可表征为：

$$f(RE) = \alpha R_1 + \beta R_2 + \cdots + \gamma R_n \tag{4-3}$$

式中，$f(RE)$ 为生态系统适应力指数；R_1，R_2，$\cdots$，R_n 分别为潮流速度、降雨量、人均 GDP 等恢复力指标，α、β，$\cdots$，γ 为权重，且 $\alpha+\beta+\cdots+\gamma=1$，权重值通过专家打分计算。

第5章 突发性海洋溢油污染事故风险分区方法

5.1 海洋溢油污染事故风险分区单元与指标体系

5.1.1 分区原则

分区原则是分区的基本准则和前提假设，它为选取分区指标、分区方法、分区等级等提供了基本依据。海洋溢油风险不是单一风险事件的简单加和，而是很多种事件相互联系、相互作用形成的整体，为了管理方便，应尽量保证指标的一致性，优先管理危险性较大且发生频率较高的风险事件，且随着社会经济的发展和自然环境的变化，风险事件的大小也会发生相应的变化，所以在分区时应遵循系统性原则、一致性原则、主导性原则、动态性原则、定性与定量相结合的原则、自上而下与自下而上相结合的原则、多级划分原则等进行分区。

5.1.2 分区单元

海洋溢油风险分区的基本单元有多种，可利用行政区域作为分区单元，也可划分海域网格作为分区单元，采用海湾或者河口等作为分区单元，还可以采用海洋功能区作为分区单元。在实际研究中，考虑到一些具体的操作问题，大多数分区采用的是利用行政区作为海域划分和合并界线的基本单元。

5.1.3　指标体系

基于典型的海洋溢油污染事故案例分析，总结溢油风险已有研究并借鉴环境风险系统和自然灾害风险系统已有研究，识别出海洋溢油风险系统，明确该系统的组成及影响因素。同时，考虑数据的可获得性和可操作性，建立海洋溢油风险源的危险性和风险受体脆弱性指标体系。风险源的危险性和风险受体的脆弱性共同决定海洋溢油风险的大小，风险源的危险性取决于危险因子状态、诱发因素和控制状态三部分，风险受体的脆弱性取决于风险受体暴露程度以及恢复力的大小。具体的海洋溢油风险分区指标见表 5-1。

表 5-1　海洋溢油风险分区指标体系

目标层	准则层 1	准则层 2	指标层
海洋溢油风险 R	风险源危险性 H	危险因子状态 H_1	海区内港口码头状况 H_{11}
			海区设备技术水平 H_{12}
			航道密集程度 H_{13}
			石油储备基地距离 H_{14}
		诱发因素 H_2	年均风速 H_{21}
			能见度小于 1 km 的年均雾日 H_{22}
			平均浪高 H_{23}
			冰期持续时间 H_{24}
			水深 H_{25}
		控制状态 H_3	海域应急投入水平 H_{31}
			海域应急预案完善程度 H_{32}
	风险受体脆弱性 V	暴露程度 V_1	海域敏感度 V_{11}
			岸滩类型 V_{12}
			生物多样性指数 V_{13}
			生物量 V_{14}
		恢复力 V_2	海区潮流速度 V_{21}
			年降雨量 V_{22}
			区域人均 GDP 水平 V_{23}

5.2　海洋溢油风险量化模型

海洋溢油风险分区的对象是一个复杂的溢油风险系统，具有不确定性，往往难以定量表达。所以，海洋溢油风险分区的指标多数为定性和半定量化指标。本研究在海洋溢油风险系统和指标体系研究的基础上，采用机理研究手段深入剖析溢油风险形成的条件、影响因素及其相互作用关系，明确溢油风险系统各组成之间及各组成与系统之间的关系，构建溢油风险量化模型，包括危险性量化模型和脆弱性量化模型。

5.2.1　指标层指标量化

1. 危险因子状态指标量化

1）海区内港口码头状况

不同类型的港口码头，发生溢油风险的可能性不同，石油码头发生溢油风险的可能性更大一些。根据港口码头的类型，分为石油码头、杂货集装箱码头、客运码头和无港口码头四个等级，分别赋值4、3、2、1。

2）海区设备技术水平

设备技术水平既包括海区港口停泊的设备，也包括船舶的技术状况，船舶适航性、自动化程度、操作性能等各方面技术状况越好，其防范水平越高级，人为失误越少，发生溢油事故的危险性就越小。可将海区设备技术水平分为国内落后、国内平均、国内先进和国际水平四个等级，分别赋值4、3、2、1。

3）航道密集程度

航道密集程度即船舶的交通密度，它是单位海域面积上所航行的船舶数量总和。航道密集程度越高，油船相遇的概率也就越大，对油船的设备以及船员的技能等要求的条件就越高，发生船舶交通事故的概率越大，使得油船溢油的可能性增大。可将航道密集程度分为高度密集（航道的交汇点）、密集（大于4条航线）、较密集（3~4条航线）和分散（1~2条航线）四个等级，分别赋值4、3、2、1。

4）石油储备基地距离

石油平台、石油储备基地是诱发海洋溢油污染事故的重要危险因子，也是溢油污染事故高发的区域，距离越近，发生溢油事故时的危害越大，根据实际情况分为四个等级，分别赋值4、3、2、1。

2. 诱发因素指标量化

1）年均风速

风能够对船舶的运动状态产生较大的影响，风能诱发溢油污染事故，还能加速油污的扩散，加剧危害性和油污处理的难度，根据风的等级分为大于5级、4~5级、3~4级和1~2级四个等级，分别赋值4、3、2、1。

2）能见度小于1 km的年均雾日指标

能见度越好，对于观察物的识别就越清晰，有利于船舶对危险的规避，船舶发生事故的可能性越小。我国沿海城市雾多，雾是影响能见度的主要原因，雾能够直接影响交通量和交通事故发生率，在能见度不良的情况下，船舶发生碰撞的危险性极高。根据实际发生大雾的年均天数分为四个等级，分别赋值4、3、2、1。

3）平均浪高

波高越高，海浪级别越大，对船舶安全的影响就越大，船舶出现溢油的可能性越大。波高大小对于船舶发生溢油事件后溢油的清除也具有重要影响，围油栏、油回收器等的使用对溢油海面波浪的高度都有一个适用范围，超出了这个范围，其能力将大大降低，甚至不能使用。根据区域波高分为四个等级，分别赋值4、3、2、1。

4）冰期持续时间

严重的海冰灾害能损毁船舶（挤压损坏船舶、堵塞船舶海底门）、石油平台以及封锁航道等，对海洋溢油污染事故的发生具有潜在的威胁，冰期时间越长海冰越重，发生溢油风险的概率越大，溢油污染造成的损失越大。根据冰期持续时间分为四个等级，分别赋值4、3、2、1。

5）水深

水深是安全通航的基本条件，当船舶驶入浅水水域时，水对船体的压力下降，使船体下沉，纵倾变化和操纵性能变差，容易造成搁浅，水深较高的区域发生搁浅等事故相对少一些。根据研究区域水深分为四个等级，分别赋值4、3、2、1。

3. 控制状态指标量化

1）海域应急投入

应急投入的高低直接影响着溢油风险的控制状态，根据资金、设备的投入程度分为高、中、低和无投入四个等级，分别赋值4、3、2、1。

2）海域应急预案

完善的应急预案有利于对溢油污染事件及时做出响应和处置，有利于避免溢油污染事故扩大或者升级，最大限度地减少突发事件造成的损失。根据应急预案的完善程度分为完善预案、较完善预案、初步预案和无预案四个等级，分别赋值4、3、2、1。

4. 溢油风险受体的暴露程度指标量化

1）海域敏感度

海域敏感度是指海域受到溢油污染后的耐污能力，溢油海域的类型不同，此海域内生态系统的脆弱性不同，产卵场、滨海湿地、海洋保护区等最为敏感，风景旅游区、休闲娱乐区次之，港口区域和工业用水区域相对最不敏感，因此可分为敏感、亚敏感、非敏感三类，分别赋值4、3、2。

2）岸滩类型

不同岸滩类型脆弱性亦不同，砂质岸滩、淤泥质岸滩、基岩岸滩、人工岸滩脆弱性依次降低，分别赋值4、3、2、1。

3）生物多样性指数

生物多样性指数高的区域生物种类多，一旦发生溢油事故，造成的损失更大。根据生物多样性指数的高低分为四个等级，分别赋值4、3、2、1。

4）生物量

生物量越高的区域，发生溢油事故造成的危害越大，分为高、中、低三个等级，分别赋值4、3、2。

5. 溢油风险受体的恢复力指标量化

1）海区潮流速度

海区潮流速度是海水交换能力的直接影响因素，海区潮流速度越大，海区水交换能力越强，恢复力也就越强，分为四个等级，分别赋值4、3、2、1。

2）年降雨量

雨水的冲刷也是溢油稀释、消解的方法之一，雨水越大，冲刷能力越强，可用年降雨量来衡量雨水的冲刷力。根据年降雨量大小分为四个等级，分别赋值4、3、2、1。

3）区域人均GDP水平

人均GDP越高，说明工业技术水平越高，人均GDP超过1 000美元时，标志城市化进程进入起飞阶段；人均GDP超过3 000美元时，标志进入高峰阶段。国外发达国家人均GDP约10 000美元，参照这个标准将人均GDP标准分为7 000～10 000美元、3 000～7 000美元、1 000～3 000美元和0～1 000美元四个等级，分别赋值4、3、2、1。

5.2.2 海洋溢油风险量化模型

1. 海洋溢油风险度量化

海洋溢油风险值等于危险度乘以脆弱度。式（5-1）中，R为溢油风险度；H为危险度；V为脆弱度。风险源的危险性和风险受体的脆弱性对风险有放大作用，但又不是简单的加和。

$$R = H \times V \tag{5-1}$$

2. 风险源危险性和风险受体脆弱性量化模型

风险源的危险性由危险因子状态、诱发因素和控制状态决定，危险性与危险因子状态和诱发因素成正比关系，与控制状态成反比关系：

$$H = \frac{H_1 \times H_2}{H_3} \tag{5-2}$$

式中，H为风险源危险性；H_1为危险因子状态；H_2为诱发因素；H_3为控制状态。

风险受体脆弱性的大小由受体暴露程度和受体的恢复力决定，受体的暴露程度越大，恢复力越弱，风险受体就越脆弱，所以风险受体脆弱性表征为：

$$V = \frac{V_1}{V_2} \qquad (5-3)$$

式中，V 为风险受体脆弱性；V_1 为风险受体的暴露程度；V_2 为风险受体的恢复力。

3. 准则层 2 的量化模型

危险因子的状态由区域的内在因素和外在因素共同决定，内在因素包括港口码头的状况和设备技术水平，外在因素包括航道的密集程度以及石油储备基地的距离，而内在因素的影响稍微大于外在因素的影响，所以系数分别为 0.6 和 0.4。各内在因素和外在因素影响相差无几，所以系数均为 0.5，危险因子状态表征为：

$$H_1 = 0.6 \times 0.5 \times (H_{11} + H_{12}) + 0.4 \times 0.5 \times (H_{13} + H_{14}) \qquad (5-4)$$

式中，H_{11} 为港口码头状况；H_{12} 为设备技术水平；H_{13} 为航道密集程度；H_{14} 为与石油储备基地的距离。

诱发因素主要包括雾日、风速、浪高、水深、冰期五个方面，表征为：

$$H_2 = 0.2 \times (H_{21} + H_{22} + H_{23} + H_{24} + H_{25}) \qquad (5-5)$$

式中，H_{21} 为年平均风速；H_{22} 为年平均雾日（能见度小于 1 km）；H_{23} 为平均浪高；H_{24} 为冰期持续时间；H_{25} 为水深。

控制状态由应急投入和应急预案决定，表征为：

$$H_3 = 0.5 \times (H_{31} + H_{32}) \qquad (5-6)$$

式中，H_{31} 为海域应急投入水平；H_{32} 为海域应急预案完善程度。

暴露程度由海域的敏感度、岸滩类型、生物多样性水平和生物量共同决定，表征为：

$$V_1 = \sqrt{0.5 \times (V_{11} + V_{12}) \times 0.5 \times (V_{13} + V_{14})} \qquad (5-7)$$

式中，V_{11} 为海域的敏感度；V_{12} 为岸滩类型；V_{13} 为海区生物多样性指数；V_{14} 为海区生物量。

恢复力由海水交换能力和雨水冲刷能力和应急救援能力决定，这里分别用海区的潮流速度、年平均降雨量和人均 GDP 水平来表征，恢复力表征为：

$$V_2 = \sqrt[3]{V_{21} \times V_{22} \times V_{23}} \qquad (5-8)$$

式中，V_{21} 为海区的潮流速度；V_{22} 为年平均降雨量；V_{23} 为人均 GDP 水平。

5.3　海洋溢油风险分区与分区调整

在指标体系构建和量化模型的基础上，建立基于 GIS 的海洋溢油风险分区方法，进行各分区单元的风险源危险性量化和风险受体脆弱性量化，并分析影响二者的主要因素，最后根据风险度大小进行风险分区，可以将过于分散的小区域合并到相邻区域中，充分考虑各分区单元的风险源危险性和风险受体脆弱性的特点及影响因子，对分区图做适当的合并和调整。

下篇　案例篇

第6章 大连市近岸海域海洋溢油风险分区与管理

6.1 大连市区域概况

6.1.1 地理位置

大连市地处辽东半岛最南端，东濒黄海，西临渤海，南与山东半岛隔海相望，北倚东北三省及内蒙古东部广阔腹地，地理坐标范围为北纬38°43′—40°12′，东经120°58′—123°31′。大连市处于东北亚经济区和环渤海经济圈的重要区域，与日本、韩国、朝鲜、俄罗斯远东地区相邻，是我国东北、华北、华东的海上门户，也是重要的港口、贸易、工业、旅游城市（见图6-1）。

大连市海域广阔，岸线曲折，海域内岛屿星罗棋布。所辖海域横跨渤、黄二海，面积约为30 100 km²，是其陆地面积的两倍多；海岸线东起二坨子，西止浮渡河口，岸线全长1 371 km，占辽宁省大陆岸线的65%，其中渤海段大陆岸线长度为621 km，黄海段大陆岸线长度为750 km；共有251个岛屿，其中70%集中于东南海域，最大的岛屿是瓦房店市的长兴岛，面积223 km²，是中国第五大岛。

大连市三面环海，海洋资源丰富。随着大连市乃至辽宁省工业化及城市化进程的加快，陆域资源匮乏已成为进一步发展的主要制约因素，为实现可持续发展，必须向海洋拓展空间。在振兴"东北老工业基地"、建设"辽宁沿海经济带"等战略背景下，大连东北亚国际航运中心建设全速起航，长兴岛经济区和花园口经济区建设初具规模，四个基地建设日益凸显海洋色彩，更多的大型装备制造业纷纷向滨海迁移，沿黄、渤海沿岸已形成一条鲜明的"蓝色产业带"。

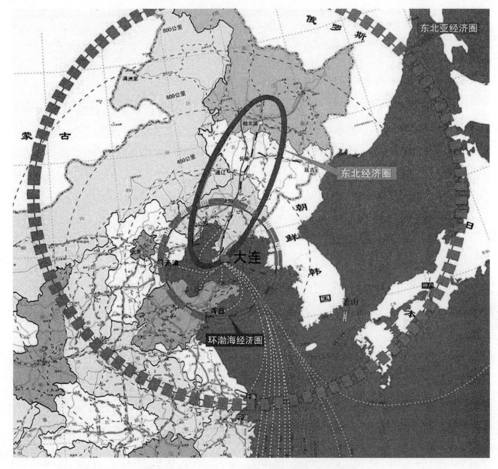

图 6-1　大连市地理位置及区位优势

　　大连市是一个因港而起、因港而兴、因港而强的城市，城市的产生、发展、壮大一直与海密切相关。大连市一直在向海谋求发展，由普通"港口、工业、旅游"城市到"国家主枢纽港，区域商贸、物流、旅游、金融、信息中心"到"东北亚国际航运中心、东北地区外向型经济中心""风景旅游与宜居的国际名城"，这一系列城市功能的转变，体现了海洋对大连城市发展的重要性在逐步加强。在实际的发展中，大连市一直通过利用海洋来增强城市的功能，提升大连市在区域中的地位和竞争力。海洋给了大连城市发展源源不断的动力，使大连市在东北、东北亚等区域范围的地位不断提升，城市功能不断增强。

6.1.2 地质地貌

距今25亿~18亿年前的太古代和下元古代，大连地区的地层经历多次地壳运动褶皱形成变质岩结晶基底，至中元古代，大连乃至整个辽东半岛升为陆地，从此接受风化剥蚀而未能发育沉积地层。10亿年前的晚元古代和6亿年后的古生代震旦纪，沉积了硅质碎屑岩、泥质岩和碳酸盐岩，大连南部海滨则发育石英砂岩、板岩和千枚岩，金州的黄海侧广布灰岩、砂岩、页岩、白云岩等，城子坦等地分布太古代的片麻岩、变粒岩、斜长角闪岩等。

在地质构造上，大连地区处于华北地区的东部，与一般地区不同的是，这里曾发生强烈的构造变形和错位，发育鲜活的构造形迹。在板块运动影响下，中生代后大连地区处于大陆边缘活动带而发生强烈地壳运动，至三叠纪的印支运动使整个辽南地盘上升，从此脱离海洋环境。距今1.9亿年中生代的侏罗纪燕山运动，使得断裂变得十分活跃，并伴有花岗岩侵入和岩浆岩喷出，在印支运动抬升的地块上形成了小型构造盆地，辽东半岛轮廓至此基本形成。经历上述多次地质构造，大连黄海一侧沉积盖层发育复杂的逆冲推覆体构造、韧性断层带、平卧褶皱、侧卧褶皱及拉伸正断层等构造形迹，如棒槌岛海滨倾覆背斜、老虎滩歪斜褶皱、星海公园探海洞断层以及陡峭岩壁的窗棂构造、石香肠构造、叠瓦状构造等等。

6.1.3 气象水文

1. 气候特征

大连市位于北半球的暖温带地区，具有海洋性特点的暖温带大陆性季风气候，冬无严寒，夏无酷暑，四季分明，降雨集中，季风明显。据《大连市2013年气候公报》显示，2013年大连地区年平均气温10.3℃，年极端最高气温34.6℃，年极端最低气温-22.3℃，平均降水量为803.5 mm。

2. 海洋水文与径流

大连海域海水平均温度为11.2℃，最高26.2℃，最低-1.9℃。黄海北部平均水深 40 m，盐度 32，渤海平均水深 18 m，盐度低于 30，黄海北部以 SE、SW 向为常浪向和强浪向，平均波高 0.4~0.5 m，最大波高 8.0 m，渤海以 NNE 向为强浪向，SSW 向为常浪向，平均波高 0.2~0.9 m。黄海北部潮汐为正规半日潮，潮差由东向西递减，渤海为不正规半日潮，潮差自南向北递增。

大连地区主要有黄海流域和渤海流域两大水系。注入黄海的较大河流有碧流河、英那河、庄河、赞子河、大沙河、登沙河、清水河、马栏河等；注入渤海的主要河流有复州河、李官村河、三十里堡河等。其中，最大的河流为碧流河，是市区跨流域引水的水源河流。另外，还有 200 多条小河。

6.1.4　大连市主要港口码头概况

大连市是我国北方地区最重要的港口城市之一，是国家重要的石油炼化基地。大连地区岸线曲折，海岸类型多样，岬湾众多，适宜建港岸线约 150 km，主要集中在黄海沿岸的大窑湾至大连湾一带和渤海沿岸的双岛湾及长兴岛区域。大连具有东北亚地区最好的港口岸线资源，辽宁地区 80% 以上的深水岸线均集中在大连境内，港阔水深，不冻不淤，掩护条件好。目前，大连地区已初步形成以大连港为中心，以庄河港、皮口港、长海岛屿码头和旅顺新港等中小型地方港口为两翼的港口群。除综合性的大连港外，尚有四块石港、大长山岛客运港、庄河港、青堆子港、皮口港、长兴岛港、北海港、松木岛港、复州湾港、华铜港、曹家屯港、旅顺新港、羊头洼港、龙王塘港 14 处中小型港口以及市区内企业部门和地方码头 20 余个。

1. 大连港

大连港（北纬 38°55′44°，东经 121°39′17°）建于清末 1898 年，位于辽东半岛最南端的大连湾内，与山东半岛隔海相望，是一个天然的不冻港。港口沿岸为丘陵地带，陆上有山陵围绕，港口周边有大、小三山岛，为良好的天然屏障。港内水域宽阔，航道水深，岸线资源丰富，内陆交通发达，是我国沿海地区南北水陆交通运输的主枢纽港口之一，亦是北方地区最大的综合性港口以及重要国际贸易港口之一。目前，大连港已经与世界上 160 多个国家和地区 300 多个港口建立了贸易和航运关系，开辟了集装箱国际航线 75 条，已成为中国主要集装箱海铁联运和海上中转港口之一。大连港油品码头现有原油储罐 38 座，储存能力 275×10^4 m^3；成品油储罐 39 座，储存能力 36.8×10^4 m^3，液体化工品储罐 24 座，储存能力 6.64×10^4 m^3，总储存能力达 318.4×10^4 m^3。

2. 大连新港

大连新港位于辽东半岛南端的大孤山半岛端部东侧鲇鱼湾，北侧为大连港大窑湾港区，是一个现代化深水油港，水域开阔，深水近岸，不淤不冻，是中国北方天然超深水良港。大连新港作为全国继宁波港和青岛港之后的第三个油品中转港，是国内较大的油品转运港之一，现已建成一座 30 万吨级、一座 15 万吨级、一座 5 万吨级原油码头及部分成品油、液化油气泊位，码头后方的原油储罐容积达到 175×10^4 m^3。大连新港码头梯次布置合理，功能完善，可满足客户油品装卸、储运等各种需求，是我国目前规模最大、水位最深的现代化深水油港。

3. 长兴岛 30 万吨级原油码头

长兴岛 30 万吨级原油码头位于长兴岛北港区东防波堤外侧，码头长度 436 m，栈桥长度 318 m。码头共有 6 个系缆墩、4 个靠船墩和一个工作平台，内侧靠船墩间距为 82 m，可同时兼顾 10 万吨级原油船舶的靠泊；外侧靠船墩间距为 130 m，可满足 30 万吨级船舶靠泊要求。

6.1.5 大连市敏感资源概况

1. 海洋保护区

如表 6-1 所示，大连市海洋自然保护区众多，而自然保护区是海域中最敏感的区域，脆弱性最强。

表 6-1 大连市海洋自然保护区

保护区名称	类别	面积/hm^2	批准时间	主要保护对象
大连斑海豹国家级自然保护区	国家	672 000	1997 年	斑海豹

保护区名称	类别	面积/hm²	批准时间	主要保护对象
蛇岛—老铁山国家级自然保护区	国家	17 800	1980 年	蛇岛和老铁山的生态系统、蝮蛇、候鸟
大连城山头海滨地貌自然保护区	国家	1 350	2001 年	滨海岩溶地貌与鸟类
海洋珍稀生物自然保护区	省级	220	1998 年	黄刺参、皱纹盘鲍、栉孔扇贝的繁殖海域及对虾洄游场所
大连老偏岛—玉皇顶海洋生态自然保护区	市级	1 580	2000 年	海洋生物及其海洋生态系统、喀斯特和海蚀地貌景观
大连海王九岛海洋景观自然保护区	市级	2 143	2000 年	海滨地貌、黄嘴白鹭
朱家屯海蚀带自然保护区	县级	1 350	1989 年	海蚀地貌
金石滩地质珍迹自然保护区	市级	2 200	1987 年	典型地质构造、古生物化石、奇特海岸地貌
大连长山列岛珍贵海洋生物自然保护区	市级	413	2003 年	皱纹盘鲍、刺身、光刺球海胆、栉孔扇贝、褶牡蛎、牙鲆等
大连三山岛海珍品资源增殖自然保护区	市级	1 103	1986 年	海参、鲍鱼、扇贝等海珍品资源

2. 海洋旅游资源

独特的海洋和海岸带景观资源是支撑大连市滨海旅游业持续发展的基础。近岸清洁海水和沙滩，适宜的气候，充足的阳光，清新的空气以及曲折陡峭的海岸，星罗棋布的海岛，山、海、岛、鱼、泉、林相映的自然景观和人文景观构成了大连市丰富的滨海旅游资源。大连海水浴场 83 处，可浴面积约 50 km²，集中分布在辽东湾东岸以及黄海北部沿岸，主要的大型海水浴场有：金石滩黄金海岸浴场、付家庄浴场、星海浴场、塔河湾浴场、月亮湾浴场、棒槌岛浴场、仙浴湾浴场和夏家河子浴场等。

大连市内国家级风景名胜区有金石滩风景名胜区、大连南部—旅顺南部海滨风景名胜区。近十几年伴随旅游业发展的需要，风景名胜区的范围不断扩大，开发程度逐年提高。如大连南部海滨风景名胜区由原来 8 个景区不断地向东、向西拓展，东部的东海公园是具有现代观念的一个景区，对国内外游人有极大的吸引力。

大连市风景名胜区呈现以下特点：多分布于大连市内及周边滨海区域，北部三市（瓦房店、普兰店、庄河）没有分布；绝大多数景区集中分布于北黄海一侧，渤海只有一个；绝大多数景点为人文景观，自然景观很少，且开发程度较低。

3. 渔业资源

大连海洋动植物种类繁多、数量丰富。据不完全统计，沿岸海域有海洋生物 172 科、414 种，其中海洋鱼类 220 种。鲍鱼、海参、海胆、扇贝、对虾、梭子蟹等优势种为全国稀有种；海带、裙带菜、大连湾牡蛎、大连紫海胆、紫贻贝、魁蚶等是大连的地方种。刺参、皱纹盘鲍及栉孔扇贝的资源量占辽宁省的 97.6%。黄海北部约 4 589 km²、渤海近 657 km² 的浅海水域是大连市海洋水产品主要产区。大连市历年水产品产量居全省首位，也是我国重要的海水养殖基地之一。目前，全市已开发建成 9 个大养殖基地：庄河、普兰店、瓦房店对虾养殖基地，金州、旅顺、甘井子浅海养殖基地，长海县海水养殖基地，瓦房店长兴岛海参养殖基地，大连南部鲍鱼养殖基地。除上述水域外，亦分布大量可供增养殖、定置渔业和游动渔业区。此外，大潮口湾、羊头洼湾、营城子湾、金州湾等海湾，底质类型多样，水温和盐度适中，饵料丰富，是刺参、鲍鱼、扇贝、海胆、魁蚶等名特品种理想的生息繁衍水域。

大连湾的海洋自然水产区主要分布于大连湾湾口大孤山西部海域，主要以刺参、扇贝、牡蛎、蛤、贻贝等种类为主。滩涂养殖区和浅海浮筏养殖区分散分布于红土堆子湾、大孤山湾，以及大、小三山岛，鱼群分布于三山岛附近海域。大窑湾内海洋自然水产分布于湾口两侧和北岸带中部，主要养殖种类有刺参、扇贝、贻贝。滩涂养殖区和浅海浮筏养殖区主要种类有对虾、海带和贻贝等，分布于湾里乡和大孤山乡。小窑湾内海洋自然水产分布于湾口两侧，主要种类与大窑湾类似。滩涂养殖区和浅海浮筏养殖区分布于湾内，鱼群分布于湾口，主要养殖有海带和对虾等。

6.2　大连市海洋溢油风险分区指标体系

采用大连市行政区作为分区基本单元对大连市近岸海域进行溢油风险分区，考虑到数据的可操作性和可获得性，经过反复优选，确定了大连市近岸海域溢油风险分区指标体系，如表6-2所示。

表6-2　大连市近岸海域溢油风险指标体系

目标层	准则层1	准则层2	指标层
海洋溢油风险 R	风险源危险性 H	危险因子状态 H_1	海区内港口码头状况 H_{11}
			海区设备技术水平 H_{12}
			航道密集程度 H_{13}
			石油储备基地距离 H_{14}
		诱发因素 H_2	年均风速 H_{21}
			能见度小于 1 km 的年均雾日 H_{22}
			平均浪高 H_{23}
			冰期持续时间 H_{24}
			水深 H_{25}
		控制状态 H_3	海域应急投入 H_{31}
			海域应急预案 H_{32}
	风险受体脆弱性 V	暴露程度 V_1	海域敏感度 V_{11}
			岸滩类型 V_{12}
			生物多样性指数 V_{13}
			生物量 V_{14}
		恢复力 V_2	潮流速度 V_{21}
			年降雨量 V_{22}

6.3　大连市海洋溢油风险量化

6.3.1　指标层指标量化

1. 海区内港口码头状况

不同类型的港口码头，发生溢油风险的可能性不同，石油码头发生溢油风险的可能性更大一些。根据港口码头的类型，分为石油码头、杂货集装箱码头、客运码头和无港口码头四个等级，分别赋值4、3、2、1。如图6-2所示，大连市近岸海域各单元中长兴岛海域和大连湾近岸海域分布有石油码头，花园口—皮口海域和庄河海域分布有杂货集装箱码头，其他单元为客运码头或者无港口码头。

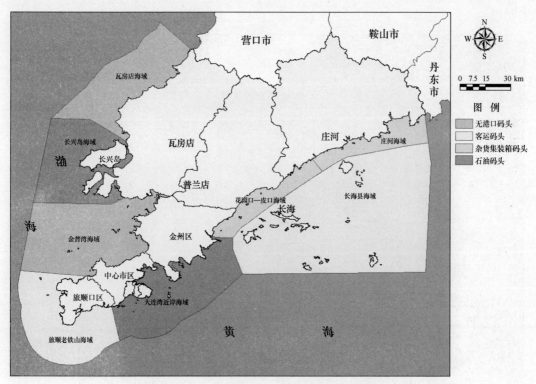

图6-2　大连市各单元港口码头分布状况

2. 海区设备技术水平

落后的设备水平诱发海洋溢油污染事件的可能性更大，分为国内落后、国内平均、国内先进和国际水平四个等级，分别赋值 4、3、2、1。大连市近岸海域各单元设备技术水平总体上处于国内平均水平，各单元之间并无明显差异。

3. 航道密集程度

航道密集程度即油船的交通密度，航道密集程度越高，发生船舶交通事故的概率越大，使得油船的溢油可能性越大。分为高度密集（航道的交汇点）、密集（大于 4 条航线）、较分散（3~4 条航线）和分散（1~2 条航线）四个等级，分别赋值 4、3、2、1。如图 6-3 所示，航道密集区域分布在旅顺老铁山沿岸海域和大连湾近岸海域，其次是长兴岛海域和长海县海域，其他几个单元的航道相对分散。

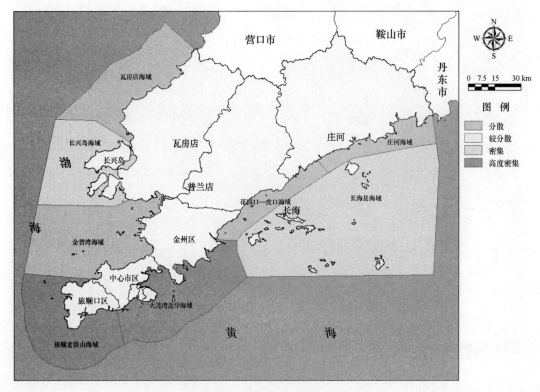

图 6-3 大连市各单元航道密集程度分布

4. 石油储备基地距离

石油平台、石油储备基地是生产、储备原油的重要场所，也是海洋溢油污染事故高发的区域，距离越近，发生溢油事故时的危害越大。分为小于 25 km、25～50 km、50～75 km 和大于 75 km 四个等级，分别赋值 4、3、2、1。大连市近岸海域石油储备基地分布情况如图 6-4 所示，石油储备基地位于大连湾近岸海域，距离旅顺老铁山沿岸海域、花园口附近海域和长海县海域相对较近。

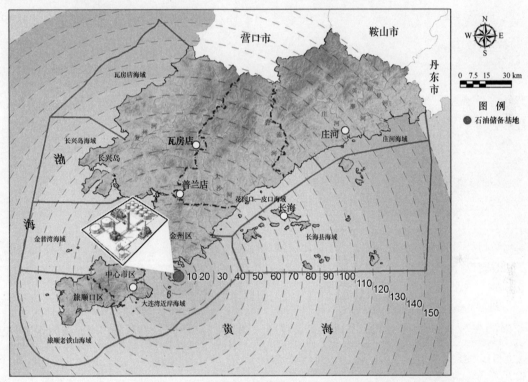

图 6-4　大连市近岸海域石油储备基地分布

5. 年均风速

风能够对船舶的运动状态产生较大的影响，风能诱发溢油污染事故的发生，还能加速油污的扩散，加剧溢油危害性和油污处理的难度。根据风的等级分为大于 5 级、4～5 级、3～4 级和 1～2 级四个等级，分别赋值 4、3、2、1。如图 6-5 所示，大连市近岸海域各单元中长兴岛海域和长海县海域风速相对较大，旅顺老铁山海域、花园口—皮口海域和庄河海域风速最小。

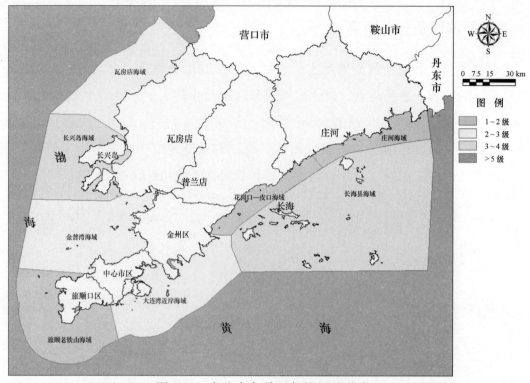

图6-5　大连市各单元年均风速分布

6. 能见度小于 1 km 的年均雾日

能见度越好，船舶发生事故的可能性越小。大连是个沿海城市，雾气是经常发生的天气现象，雾对能见度的影响最大。根据发生大雾的年均天数分为大于 50 天、31～50 天、10～30 天和小于 10 天四个等级，分别赋值 4、3、2、1。如图 6-6 所示，大连市近岸海域各单元中，金普湾海域和长海县海域年均雾日较多，瓦房店海域雾日最少。

7. 平均浪高

波高越高，海浪级别越大，对船舶安全的影响就越大，油船出现溢油的可能性越大。波高大小对于船舶发生溢油事件后溢油的清除也具有重要影响。分为大于 5 m、3～5 m、1～3 m 和小于 1 m 四个等级，分别赋值 4、3、2、1。如图 6-7 所示，大连市近岸海域各单元中大连湾海域浪最高，瓦房店近岸海域和金普湾海域浪最小，其他单元处于中等水平。

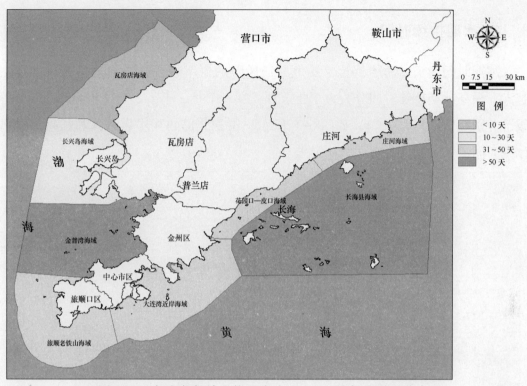

图 6-6　大连市各单元能见度小于 1 km 的年均雾日分布

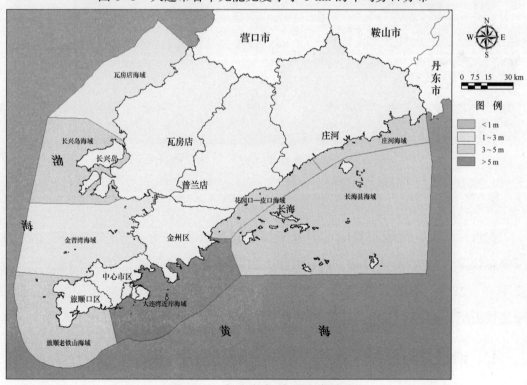

图 6-7　大连市各单元浪高分布

8. 冰期持续时间

冰期时间越长,海冰越重,发生溢油风险的概率越大,溢油污染造成的损失越大。根据冰期持续时间分为大于3个月、2~3个月、小于2个月和无冰期四个等级,分别赋值4、3、2、1。如图6-8所示,位于北部的瓦房店海域和长兴岛海域冰期时间最长,其他各单元无明显差异。

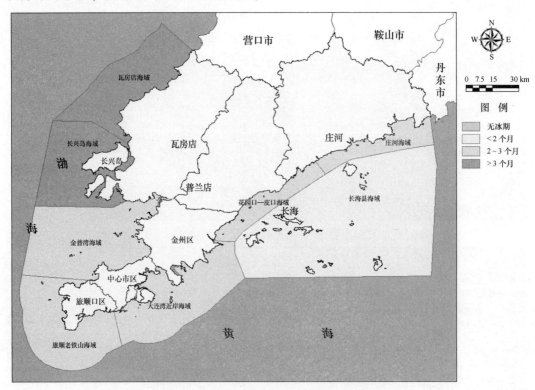

图6-8　大连市各单元冰期持续时间分布

9. 水深

在水深较大的区域,船舶发生搁浅等事故相对少一些。根据实际研究区域水深分布状况,分为小于10 m、10~20 m、20~30 m和大于30 m四个等级,分别赋值4、3、2、1。如图6-9所示,花园口附近海域和庄河近岸海域水深最深,而旅顺老铁山沿岸海域和大连湾近岸海域水深相对较浅。

10. 海域应急投入

应急投入的高低直接影响着溢油风险的控制状态,根据资金、设备的投入程

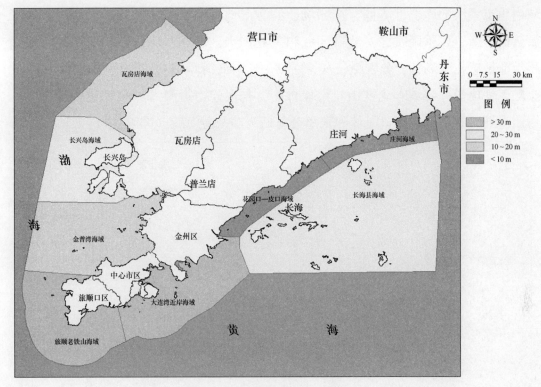

图 6-9 大连市各单元水深分布

度分为高、中、低和无投入四个等级，分别赋值 4、3、2、1。大连市近岸海域各单元中长兴岛海域和大连湾近岸海域由于分布大型石油码头，所以应急投入也相应多一些，其他单元无明显差异。

11. 海域应急预案

完善的应急预案有利于对溢油污染事件及时做出响应和处置，有利于避免溢油污染事故扩大或者升级，最大限度地减少突发事件造成的损失。根据应急预案的完善程度分为完善预案、较完善预案、初步预案和无预案四个等级，分别赋值 4、3、2、1。大连市近岸海域各单元中长兴岛海域和大连湾近岸海域由于分布大型石油码头，所以应急预案也相对完善，其他单元无明显差异。

12. 海域敏感度

海域敏感度是指海域受到溢油污染后的耐污能力，溢油海域的类型不同，海域内生态系统的脆弱性不同，产卵场、滨海湿地、海洋保护区等最为敏感，风景旅游区、海上娱乐区次之，港口区域和工业用水区域相对不敏感，按敏感、亚敏感、非敏感三类划分，分别赋值 4、3、2。长兴岛海域分布有斑海豹自然保护区，旅顺老铁山沿岸海域有老铁山自然保护区，是大连市近岸海域最敏感的区域。瓦房店海域、花园口—皮口海域和长海县海域为非敏感海域（图 6-10）。

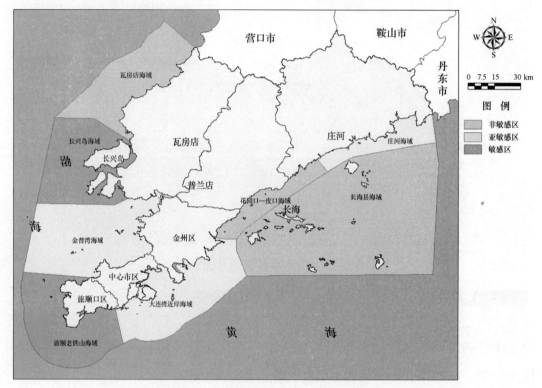

图 6-10　大连市各单元海域敏感度分布

13. 岸滩类型

不同类型岸滩的脆弱性不同，砂质岸滩、淤泥质岸滩、基岩岸滩、人工岸滩脆弱性依次降低，分别赋值 4、3、2、1。大连市近岸海域各单元根据岸滩类型所占的比例进行赋值，以瓦房店海域和旅顺老铁山近岸海域岸滩类型最为敏感。

14. 生物多样性指数

生物多样性指数高的海域生物种类多，一旦发生溢油事故，造成的损失更大。

根据多样性指数的高低分为大于 4、3~4、2~3 和小于 2 四个等级，分别赋值 4、3、2、1。如图 6-11 所示，大连市近岸海域各单元生物多样性最高的是旅顺老铁山沿岸海域和长海县海域，金普湾海域、花园口附近海域和庄河近岸海域生物多样性较低。

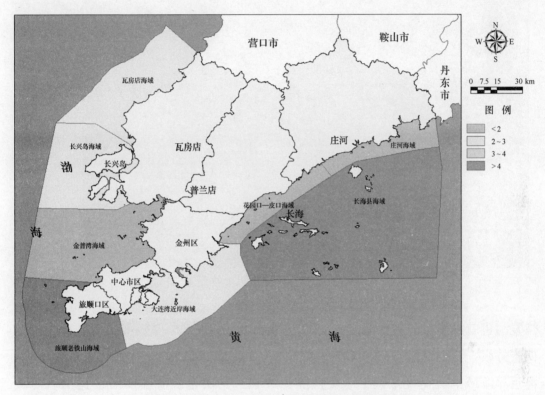

图 6-11　大连市各单元生物多样性指数分布

15. 生物量

生物量越高的区域，发生溢油事故造成的危害越大，按照高、中、低三个等级，分别赋值 4、3、2。如图 6-12 所示，大连市近岸海域各单元生物量最高的是大连湾近岸海域，生物量最低的是长兴岛海域、庄河近岸海域和花园口—皮口附近海域。

16. 潮流速度

潮流速度是海水交换能力的直接影响因素，潮流速度越大，水交换能力越强，

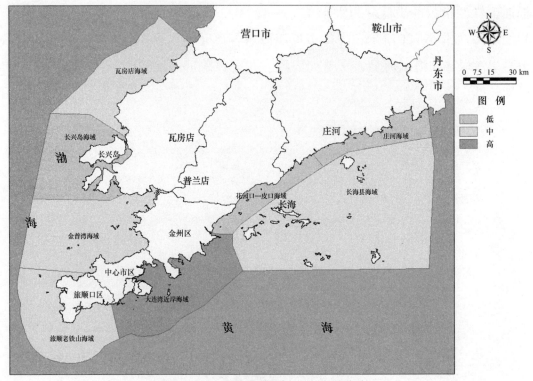

图 6-12　大连市各单元生物量分布

恢复力也就越强，分为大于 105 cm/s、70~105 cm/s、35~70 cm/s 和小于 35 cm/s 四个等级，分别赋值 4、3、2、1。如图 6-13 所示，大连市近岸海域各单元中大连湾近岸海域潮流速度最快，水交换能力最强，其次是长海县海域，瓦房店海域、金普湾海域和旅顺老铁山沿岸海域潮流速度相对较小，水交换能力弱。

17. 年降雨量

雨水的冲刷有助于溢油稀释、消解，雨水越大，冲刷能力越强，可用年降雨量来衡量雨水的冲刷力。根据年降雨量大小分为大于 800 mm、700~800 mm、600~700 mm 和小于 600 mm 四个等级，分别赋值 4、3、2、1。如图 6-14 所示，大连市近岸海域各单元中花园口—皮口附近海域和庄河近岸海域年降雨量最大，长兴岛海域、旅顺老铁山沿岸海域和大连湾近岸海域年降雨量相对较小。

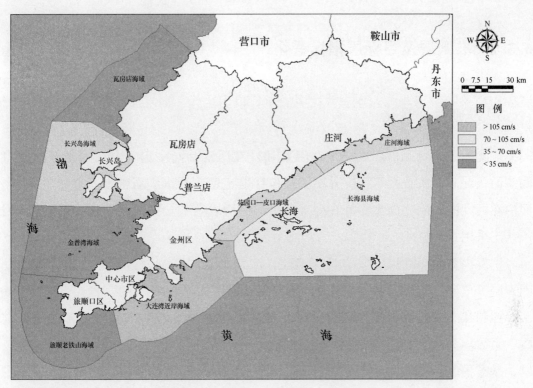

图 6-13　大连市各单元潮流速度分布

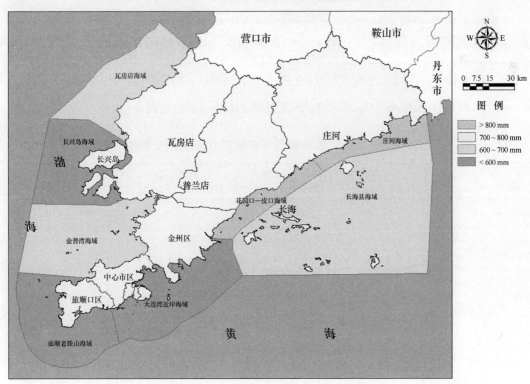

图 6-14　大连市各单元降雨量分布

6.3.2　准则层及目标层指标量化

1. 准则层 2 量化

危险因子的状态由区域的内在因素和外在因素共同决定。内在因素包括港口码头的状况和设备技术水平，外在因素包括航道密集程度、石油储备基地的距离，而内在因素的影响稍微大于外在因素的影响，所以系数分别为 0.6 和 0.4。危险因子状态采用式（5-4）计算。

诱发因素由年均风速、雾日、浪高、冰期和水深五个因素共同决定，各诱发因素同等重要，所以系数均为 0.2，诱发因素采用式（5-5）计算。

控制状态主要取决于区域应急投入和区域应急预案两个方面，二者也同等重要，系数均为 0.5，采用式（5-6）计算。

暴露程度由海域的敏感度、岸滩类型、生物多样性水平和生物量共同决定，采用式（5-7）计算。

恢复力取决于潮流速度和年降雨量，采用式（6-1）计算：

$$V_2 = \sqrt{V_{21} \times V_{22}} \tag{6-1}$$

式中，V_2 为恢复力；V_{21} 为海区的潮流速度；V_{22} 为年平均降雨量。

大连市近岸海域各分区单元的准则层 2 的量化结果见表 6-3。

表 6-3　大连市近岸海域各分区单元准则层 2 的量化

分区单元	危险因子状态 H_1	诱发因素 H_2	控制状态 H_3	暴露程度 V_1	恢复力 V_2
瓦房店近岸海域	1.3	2.4	3	2.37	1.41
长兴岛海域	2.6	2.8	4	2.49	1.41
金普湾海域	1.3	2.8	3	2.12	1.41
旅顺老铁山沿岸海域	2.6	2.2	3	3.37	1
大连湾近岸海域	3.4	2.6	4	2.49	2
花园口—皮口附近海域	2.3	2.8	3	1.62	2.83
长海县海域	2.4	2.8	3	2.65	2.45
庄河海域	1.9	2.8	3	1.73	2.83

2. 风险源危险性和风险受体脆弱性及风险度的量化

根据量化模型，风险源的危险性：

$$H = \frac{H_1 \times H_2}{H_3}$$

式中，H_1 为危险因子状态；H_2 为诱发因素；H_3 为控制状态。

风险受体的脆弱性：

$$V = \frac{V_1}{V_2}$$

式中，V_1 为风险受体暴露程度；V_2 为风险受体恢复力。

溢油风险度：

$$R = H \times V$$

式中，H 为危险度；V 为脆弱度。

大连市近岸海域各分区单元风险源的危险性、风险受体的脆弱性和风险度见表 6-4。各单元风险源的危险性和风险受体脆弱性平均分成 6 级，具体如图 6-15 和图 6-16 所示。

表 6-4 大连市近岸海域各分区单元风险源危险性、受体脆弱性和风险度

分区单元	风险源危险性 H	风险受体脆弱性 V	风险度 R
瓦房店近岸海域	1.04	1.68	1.74
长兴岛海域	1.82	1.76	3.2
金普湾海域	1.21	1.5	1.82
旅顺老铁山沿岸海域	1.91	3.37	6.43
大连湾近岸海域	2.21	1.24	2.75
花园口—皮口海域	2.15	0.57	1.23
长海县海域	2.24	1.08	2.42
庄河海域	1.77	0.61	1.09

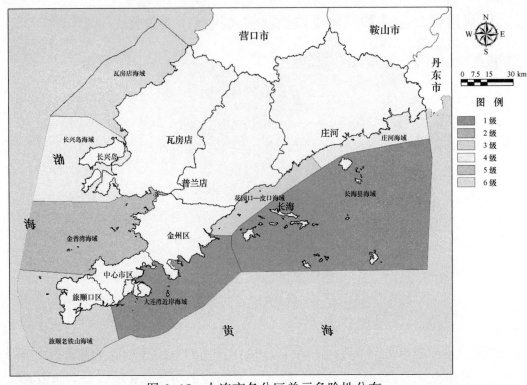

图 6-15　大连市各分区单元危险性分布

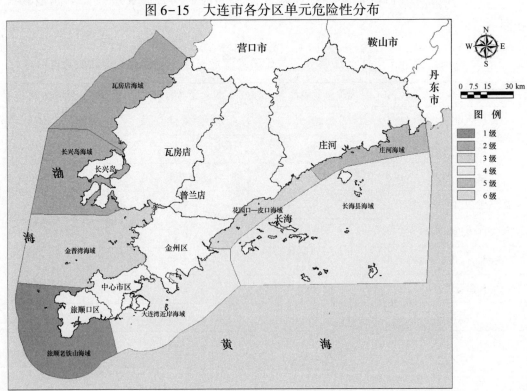

图 6-16　大连市各分区单元脆弱性分布

6.4 大连市溢油风险分区

根据上述量化方法，计算出各单元的溢油风险度，$R \geq 2.5$ 的海域为高风险区，$1.5 \leq R < 2.5$ 的海域为中风险区，$R < 1.5$ 的海域为低风险区（表6-5）。大连市近岸海域划海洋溢油高风险区、中风险区和低风险区分布如图6-17所示。

表6-5 大连市近岸海域各分区单元溢油风险分区结果

分区单元	风险源危险性 H	风险受体脆弱性 V	风险度 R	风险分区
瓦房店近岸海域	1.04	1.68	1.74	中风险区
长兴岛海域	1.82	1.76	3.2	高风险区
金普湾海域	1.21	1.5	1.82	中风险区
旅顺老铁山沿岸海域	1.91	3.37	6.43	高风险区
大连湾近岸海域	2.21	1.24	2.75	高风险区
花园口—皮口海域	2.15	0.57	1.23	低风险区
长海县海域	2.24	1.08	2.42	中风险区
庄河海域	1.77	0.61	1.09	低风险区

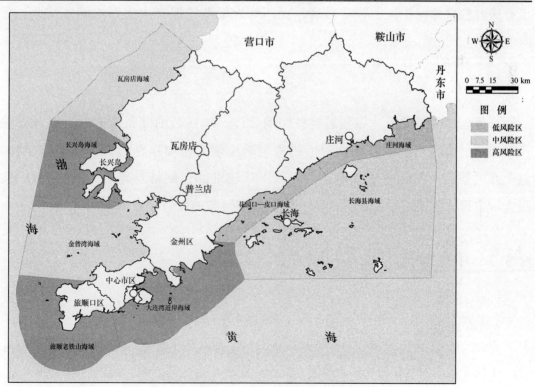

图6-17 大连市近岸海域海洋溢油风险分区

6.5　大连市海洋溢油风险分区特征及防范对策

6.5.1　高风险区

1. 分区特征

高风险区集中分布在旅顺老铁山沿岸海域、长兴岛海域和大连湾近岸海域，面积约 5 588 km²，占大连市近岸海域面积的 32.5%。旅顺老铁山沿岸海域分布有旅顺港，且该海域航道错综复杂，危险性高；该海域有老铁山自然保护区、旅顺口风景名胜区等敏感区域，且生物多样性极其丰富，所以脆弱性很高，其风险度在大连市近岸海域中最高。长兴岛海域和大连湾近岸海域也属于高风险区，这两个海域均分布有 30 万吨级的原油码头，冰期持续时间和浪高相对较大。长兴岛海域有斑海豹自然保护区，脆弱性高；大连湾近岸海域拥有大连石油储备基地，危险性很高。

2. 防范对策

合理规划港口码头，加强通航秩序的管理；加强石油储备基地附近海域石油污染监测，提高石油储备基地附近的应急响应能力；加强恶劣天气的早期预警，避免在风暴潮、大雾以及其他恶劣天气下运输油品；制订合理的区域应急计划，加大应急投入；建立专业清油队伍；提高港口码头的设备技术水平。

6.5.2　中风险区

1. 分区特征

中风险区集中分布在长海县海域、瓦房店海域和金普湾海域，面积约 10 207 km²，占大连市近岸海域面积的 59.4%。长海县海域航道密集程度较高，距大连石油储备基地较近，年均雾日较多，且生物多样性极其丰富，所以风险度较高。瓦房店海域风险源危险性较大，主要表现在冰期持续时间长，海域深度较浅，加上生物量较高，所以风险度较高。金普湾海域的生物量较丰富，且具有旅游度假区，脆弱性较高。

2. 防范对策

尽量减少船舶在浅水海域航行；港口码头的选址避开保护区、生物多样性高的敏感区域；改善区域应急响应能力。

6.5.3　低风险区

1. 分区特征

大连市低风险区集中分布在花园口—皮口海域和庄河海域，面积约 1 379 km²，占大连市近岸海域面积的 8.1%。该海域航道密集程度低，水深很深，且没有分布保护区等敏感海域，海域恢复力较高，所以风险度低。

2. 防范对策

长海县海域距离大连石油储备基地较近，应提高溢油的应急防范，完善应急预案。这两个区域的气象条件都相对较差，应避免在恶劣天气下进行航运。

第7章　辽东湾海域海洋溢油风险
分区与管理

7.1　辽东湾区域概况

7.1.1　地理位置

　　辽东湾是渤海三大海湾之一，位于长兴岛与秦皇岛连线以北，是我国最北端的一个三面环陆、一面邻海湾的封闭式海湾（图7-1）。辽东湾油气资源丰富，是我国最重要的油气开发区之一。随着辽宁"五点一线"沿海开发战略的实施，辽东湾区域在做出巨大贡献的同时，在环境安全问题也面临着严峻挑战，尤其是世界级石化产业基地辽东湾新区和长兴岛临港工业区的发展，使得船舶进出港更加频繁。

图7-1　辽东湾位置示意图

7.1.2 地形地貌

地形地貌及海岸类型对石油污染事故发生后溢油清污有重要影响和指示意义。辽东湾沿海城市主要有葫芦岛、锦州、盘锦、营口和大连,东部为千山山地,西部为燕山山地,沿岸有辽河、双台子河、大凌河、小凌河、六股河等多条河流汇入,湾域面积约 27×10^4 km², 平均水深 22 m, 海底地形平坦,东西两侧向中央倾斜,中央部位海底平缓并有大量黑色淤泥沉积。

辽东湾沿岸主要包括淤泥质海岸线和砂砾质海岸线。湾顶属于平原淤泥质海岸,受辽河、双台子河等河流冲积影响,大量泥沙在湾顶淤积,岸线目前仍在向海淤进。砂砾质海岸线又可划分为岸堤砂砾质海岸和岬湾砂砾质海岸,兴城至山海关岸线为典型的岸堤砂砾质海岸,因有季节性河流间歇补给泥沙,沿岸分布广阔连续的砂砾混合质岸堤群,在河口常存在潟湖。小凌河至兴城岸段为岬湾砂砾质海岸。

7.1.3 气象条件

辽东湾海域位于中纬度地带,暖温带湿润半湿润季风气候区,冬季干燥寒冷,最低温度出现在 2 月,极端低温位于东北部沿岸,夏季高温多雨,最高温度出现在 8 月,极端高温位于西部沿岸,全年平均气温 8~11℃。降水量夏多冬少,年均降水量 700~1 100 mm。

辽东湾海域位于东亚季风区,风速和风向的变化除了受海陆地形影响外,主要受季风影响,冬季盛行西北风,夏季盛行南风,春季和秋季风向复杂,春季以南风较多,秋季以北风和西北风较多。风速年际变化较大,年均风速为 4~5 m/s,风速等值线由海洋向沿岸递减,冬季 1 月风速可达 20 m/s,春季和秋季风速在 6 m/s 左右,夏季风速最小。

7.1.4 水文特征

1. 潮汐和潮流

溢油发生后潮汐运动对油膜的漂移扩散和浓度分布有显著影响。辽东湾海域潮汐类型为不正规半日潮，每个太阴日内有两次高潮和两次低潮，两次高潮和两次低潮的高度相差较明显，即两次潮差不等，涨潮时和落潮时也不等。辽东湾东西两岸潮差对称分布，自湾口向湾顶潮差增大，湾口秦皇岛海域平均潮差为0.8 m，向北葫芦岛海域潮差为2.1 m，湾顶营口海域潮差为2.1 m。辽东湾东部海域高潮间隙由南向北逐渐增加，落潮历时大于涨潮历时，涨潮平均流速大于落潮平均流速，西部海域变化不大。辽东湾两岸潮流方向与岸线平行，湾顶潮流方向与岸线垂直。潮流类型属于往复流，主潮流方向为NE—SW，高潮前2~3 h涨潮流场最强，最大涨潮流速在1 kn左右，涨憩时变为落潮流，高潮后3~4 h落潮流最强，最大落潮流速在0.9 kn左右。

2. 余流

余流是海流中的非周期性常流，可指示水体的交换情况，溢油发生后对油膜的漂移扩散有着重要影响。辽东湾余流呈现季节性变化，具有单向流动特征。春季，东部海域表层余流方向主要为NW或NWW，余流量为5~32 cm/s，底层余流方向复杂，余流量为4~18 cm/s；西部海域表层余流方向为NE，余流量为6~21 cm/s，底层余流方向复杂，余流量为3~7 cm/s。夏季，辽东湾东部近岸海域表层余流方向主要为NW，余流量为9~33 cm/s，底层余流方向主要为NNW或NNE，余流量为7~12 cm/s，远岸海域表层余流方向主要为SE或SSE，余流量为6~20 cm/s，底层余流方向主要为SE，余流量为5 cm/s；西部近岸海域表层余流方向主要为NNW或W，余流量为5~15 cm/s，底层余流方向与表层相近，余流量为2~8 cm/s，远岸海域表层余流方向主要为SE，余流量为9~12 cm/s，底层余流方向主要为NW或W，余流量为2~3 cm/s。

3. 波浪

辽东湾东部海域波浪以风浪为主，方向主要为 N—NE 或 SN，强浪向为 N—NNE，常浪向为 SSW，涌浪向多见于 SW，波高呈季节性变化，平均波高 0.2~0.9 m，最大波高约 4.2 m。西部海域波浪也以风浪为主，风浪和涌浪向多见于 SSW，强浪向为 SSE—SE 或 SSW—SW，波高同样呈季节性变化，平均波高 0.5~0.7 m，最大波高约 4.6 m。

4. 水温

水温是影响海洋环流的主要因素之一，同时在溢油发生后很大程度上影响着油膜的物理化学性质变化。受潮流和内波影响，辽东湾水温呈现日周期变化，日变化与潮流变化曲线趋势基本一致，一天中在流速最小的时刻出现两次最高值和两次最低值。受气温和陆地热辐射等作用影响，辽东湾的水温呈年周期性季节变化：春季，东西两岸等温线基本与海岸线平行，东部沿岸表层水温为 10~15℃，西部沿岸表层水温为 12~18℃，湾顶河口附近水域表层水温 15℃，底层水温比表层水温约降低 1℃；夏季，近岸水温显著高于远岸水温，北部湾顶为高温区 26~27℃，东部等温线垂直于海岸线，水温由北向南递减，变化范围为 23~26℃，西部海域水温分布均匀，为 24~25℃，底层与表层水温接近；秋季，近岸水温低于远岸水温，湾顶河口区域水温低于 14℃，西部海域水温 11~17℃，东部海域水温 15~17℃，西部低于东部；冬季，近岸水温显著低于远岸水温，表层与底层水温均匀分布，湾顶河口区域水温在 2℃以上，东部海域水温低于西部，东部 3~7℃，西部 5~7℃。

7.1.5　主要港口码头概况

1. 锦州港

锦州港是渤海西北部 400 km 海岸线中唯一全面对外开放的国际商港，是辽宁省重点发展的北方区域性枢纽港口，是中国通向东北亚地区最便捷的进出海口，冬季冻而不封。锦州港已发展成为以石油、煤炭、粮食等大宗散货和集装箱运输为主，内外贸结合、工商运并举的多功能、综合性港口，拥有 32 个营运泊位，港口主航道可通过 25 万吨级油轮和 5 万吨级货轮，2017 年实现吞吐量 $1.07×10^8$ t。

2. 盘锦港

锦州港位于北纬 40°42′，东经 122°10′，位于松辽平原南部，大辽河入海口永远角凹岸，拥有岸线 880 延长米，港口背依盘锦市和辽河油田。盘锦港现有陆域面积 $23×10^4$ m^2，仓库面积 5 000 m^2，拥有 3 000 吨级多功能码头一座，3 000 吨级专用油码头一座，4 000 吨级浮泵码头三座，货场 $2×10^4$ m^2，储油罐区 $12×10^4$ m^3。装卸的主要货种有汽油、柴油、渣油、润滑油、沥青和液体化工品等液态产品，以及各种化工原料、粮食、建材、煤炭、集装箱等。

3. 营口港

营口港位于北纬 40°17′42″，东经 122°06′00″，是全国重要的综合性主枢纽港，是东北地区及内蒙古东部地区最近的出海港，东北地区最大的货物运输港，辽东湾经济区的核心港口。营口港鲅鱼圈港区航道长 8.5 km，单向航道，设计底宽为 110 m，底标高为-8.7 m，口门宽度 210 m。老港区航道全长 39 km，分外航道和内航道。3 000 吨级船舶可乘潮出港，3 000 吨级以上船舶需要锚地过驳或者减载后乘高潮进港。营口港有锚地两处，一为过驳锚地，可锚泊船舶吨位 30 000 载重吨，一为联检及候潮锚地。

4. 长兴岛 30 万吨级原油码头

长兴岛 30 万吨级原油码头位于长兴岛北港区东防波堤外侧，码头长度 436 m，栈桥长度 318 m。码头共有 6 个系缆墩、4 个靠船墩和一个工作平台，内侧靠船墩间距为 82 m，可满足 10 万吨级原油船舶的靠泊；外侧靠船墩间距为 130 m，可满足 30 万吨级船舶靠泊要求。

5. 秦皇岛港

秦皇岛港地处渤海之滨，是我国北方著名的天然不冻港，这里海岸曲折、港阔水深、风平浪静，泥沙淤积很少，万吨货轮可自由出入。近年来，秦皇岛港正在发展成为多功能、综合性、现代化的港口，2017 年秦皇岛港货物吞吐量为 $2.45×10^8$ t，集装箱吞吐量为 $55.9×10^4$ t 吨。秦皇岛港是目前中国最大的能源输出港，也是我国主要对外贸易综合性国际港口之一。港口现有陆域面积 9 km²，港口水域面积 61 km²，锚地面积 54 km²。港口现有生产泊位数已达到 28 个，年通过能力达 1.2×10^8 t。

6. 葫芦岛港

葫芦岛港位于辽宁省葫芦岛龙港区，港阔水深，夏避风浪，冬微结薄冰，港区面积 2 km²，现有生产泊位 4 个，其中万吨级泊位 2 个，5 000 吨级泊位 2 个，是一个以运送石油化工产品、粮食和建材为主的杂货港，年货物吞吐量超过 $3\,000 \times 10^4$ t，远期吞吐量可达 3×10^8 t。

7.1.6 海洋敏感资源概况

1. 双台河口国家级湿地自然保护区

双台河口国家级自然保护区位于辽宁省盘锦市境内，总面积 1.28×10^4 hm²。主要保护对象为丹顶鹤、白鹤等珍稀水禽和海岸河口湾湿地生态系统。地处辽东湾辽河入海口处，是由淡水携带的大量营养物质的沉积并与海水互相浸淹混合而形成的适宜多种生物繁衍的河口湾湿地。保护区生物资源极其丰富，仅鸟类就 191 种，其中属于国家重点保护动物的有丹顶鹤、白鹤、黑鹤等 28 种，是多种水禽的繁殖地、越冬地和众多迁徙鸟类的驿站。

2. 大连斑海豹国家级自然保护区

大连斑海豹国家级自然保护区位于辽东湾东部长兴岛附近，行政区域属于辽宁省大连市管辖，面积 6 722.75 km²。主要保护对象为斑海豹及其生态环境，属于野生动物类型的自然保护区。辽东湾是我国传统渔业作业区，海洋生物资源丰富。保护区内分布有 20 多个海岛，已经发现其中两处岛礁为斑海豹在渤海的主要上岸点。保护区海域是多种鱼类的产卵场和索饵育肥场，又是良好的增养殖场。丰富的鱼类资源为斑海豹在此觅食提供了可以依赖的食物资源。

3. 辽河口国家级自然保护区

辽宁辽河口国家级自然保护区位于渤海辽东湾的顶部、辽河三角洲中心区域，地理坐标为北纬 40°45′00″—41°05′54.13″，东经 121°28′24.58″—121°58′27.49″，总面积 8.0×10⁴ hm²。区域湿地由辽河、大凌河、小凌河等诸多河流冲积而成的，生境类型以芦苇沼泽、河流水域和浅海滩涂海域为主，是一个以保护丹顶鹤、黑嘴鸥等珍稀水禽及滨海湿地生态系统为主的野生动物类型自然保护区。

湿地内孕育沼生植物 178 种，可划分为 12 个群系，包括翅碱蓬群落、芦苇沼泽等，年产芦苇 50×10⁴ t 左右，是重要的造纸原料。湿地内动物资源丰富，多样性高，有鸟类 236 种，隶属于 17 目 46 科 125 属，其中国家 Ⅰ 级保护鸟类 9 种，有丹顶鹤、白鹤、东方白鹳等；国家 Ⅱ 级保护鸟类 44 种，有灰鹤、大天鹅、鸳鸯等；兽类 21 种，其中斑海豹为国家重点保护动物；鱼类 125 种，隶属于 19 目 57 科；无脊椎动物 412 种，脊椎动物 396 种，其中甲壳类 49 种，有天津厚蟹、中华绒螯蟹等；软体动物 63 种，隶属于 4 纲 12 目 26 科，包括文蛤、四角蛤蜊、毛蚶等。

4. 海水浴场等旅游资源

辽东湾滨海旅游资源极为丰富，各沿海城市具有丰富的旅游资源。主要有锦州市孙家湾海水浴场、笔架山海滨浴场、白沙湾海滩；盘锦市红海滩滨海湿地景观、百万亩芦苇湿地景观、湿地珍稀鸟类栖息地景观、滨海水产养殖景观、辽河平原水稻农业景观、辽河油田工业旅游景观、辽河口历史文化旅游景观等；葫芦岛市的止锚湾、兴城市的望海海滨浴场、菊花岛南浴场、龙港区的三一三海滨、望海寺海滨等著名旅游景点和海水浴场；营口市的盖州白沙湾旅游休闲娱乐区和月亮湾旅游休闲娱乐区；瓦房店的仙浴湾浴场、长兴岛海水浴场等旅游资源。

7.2　辽东湾海域溢油风险分区指标体系

采用辽东湾对应的行政区作为分区基本单元对辽东湾海域进行溢油风险分区，考虑到数据的可操作性和可获得性，经过反复优选，确定了辽东湾海域溢油风险分区指标体系，如表 7-1 所示。

表 7-1　辽东湾海洋溢油风险分区指标体系

目标层	系统层	准则层	指标层
海洋溢油风险 R	风险源危险性 H	危险因子状态 H_1	海区内港口码头状况 H_{11}
			石油平台/储备基地距离 H_{12}
		诱发因素 H_2	年均风速 H_{21}
			能见度小于 1 km 的年均雾日 H_{22}
			平均浪高 H_{23}
			冰期持续时间 H_{24}
			水深 H_{25}
		控制状态 H_3	海域应急投入 H_{31}
			海域应急预案 H_{32}
	风险受体脆弱性 V	暴露程度 V_1	海域敏感度 V_{11}
			岸滩类型 V_{12}
			生物密度 V_{13}
			生物量 V_{14}
		恢复力 V_2	海区潮流速度 V_{21}
			年降雨量 V_{22}
			人均 GDP 水平 V_{23}

7.3　辽东湾海域溢油风险量化模型

7.3.1　指标层指标量化

1. 海区内港口码头状况

不同类型的港口码头，发生溢油风险的可能性不同，石油码头发生溢油风险的可能性更大一些。根据港口码头的类型，分为石油码头、杂货集装箱码头、客运码头和无港口码头四个等级，分别赋值 4、3、2、1。如图 7-2 所示，辽东湾海域各单元中码头分布较多，其中长兴岛海域、营口近岸海域、盘锦近岸海域、锦州近岸海域均分布有石油码头，瓦房店海域和绥中近岸海域无码头。

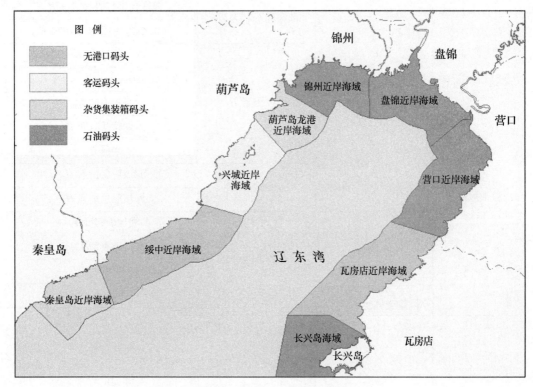

图 7-2   辽东湾各单元港口码头分布状况

2. 石油储备基地距离

石油平台、石油储备基地是生产、储备原油的重要场所，也是海洋溢油污染事故高发的区域，距离越近，发生溢油事故时的危害越大，分为小于 12 km、12~20 km、20~28 km 和大于 28 km 四个等级，分别赋值 4、3、2、1。如图 7-3 所示，盘锦近岸海域、锦州近岸海域和葫芦岛龙港近岸海域距离辽河油田相对较近，危险性相对大一些。

3. 年均风速

风能够对油船的运动状态产生较大的影响，风能诱发溢油污染事故的发生，还能加速油污的扩散，加剧溢油危害性和油污处理的难度，根据风的等级分为大

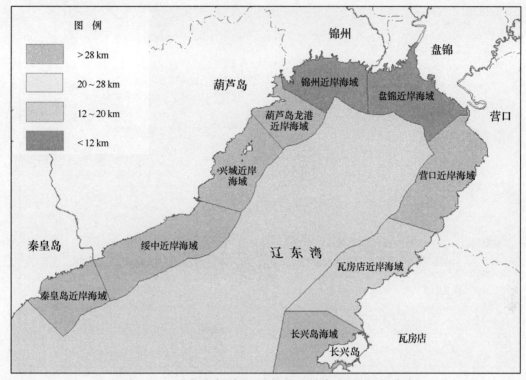

图 7-3　辽东湾各单元距离石油储备基地距离分布

于 5 级、4~5 级、3~4 级和 1~2 级四个等级，分别赋值 4、3、2、1。如图 7-4 所示，辽东湾海域各单元年均风速不大，只有长兴岛海域风速达到 4~5 级。

4. 能见度小于 1 km 的年均雾日

能见度越好，油船发生事故的可能性越小。根据发生大雾的年均天数分为大于 20 天，15~20 天，10~15 天和小于 10 天四个等级，分别赋值 4、3、2、1。如图 7-5 所示，辽东湾海域各单元中，长兴岛海域、盘锦近岸海域、锦州近岸海域和绥中近岸海域雾日相对较多。

5. 平均浪高

波高越高，海浪级别越大，对油船安全的影响就越大，油船出现溢油的可能性越大。波高大小对于油船发生溢油事件后溢油的清除也具有重要影响。分为大于 4 m、3~4 m、2~3 m 和小于 2 m 四个等级，分别赋值 4、3、2、1。如图 7-6 所示，辽东湾海域各单元中长兴岛海域浪最高，秦皇岛近岸海域和葫芦岛近岸海域

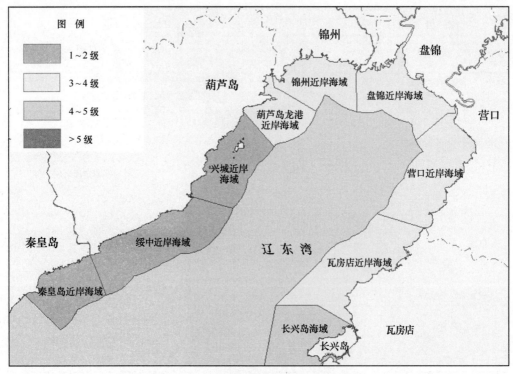

图 7-4　辽东湾各单元年均风速分布

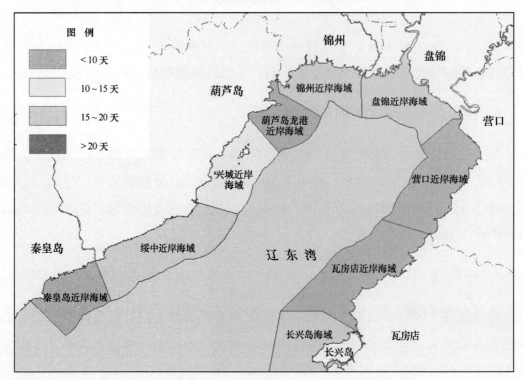

图 7-5　辽东湾各单元能见度小于 1 km 的年均雾日分布

次之，营口近岸海域和锦州近岸海域浪最小，其他单元处于中等水平。

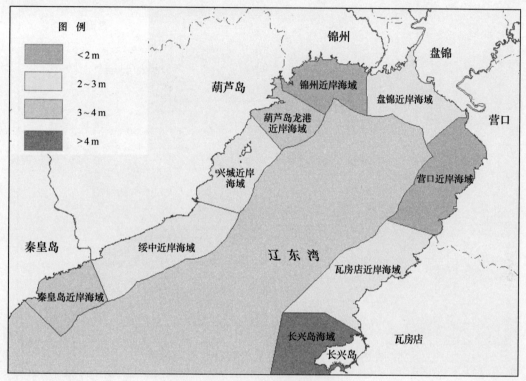

图7-6　辽东湾各单元浪高分布

6. 冰期持续时间

冰期时间越长，海冰越重，发生溢油风险的概率越大，溢油污染造成的损失越大。根据冰期持续时间分为大于4个月、3~4个月、2~3个月和小于2个月四个等级，分别赋值4、3、2、1。如图7-7所示，辽东湾海域各单元冰期相对较长，冰期持续时间在10天以上，营口近岸海域冰期持续时间最长，大于4个月，秦皇岛近岸海域冰期最短。

7. 水深

在水深较大的区域，油船发生搁浅等事故相对少一些。根据实际研究区域水深分布状况，分为小于10 m、10~20 m、20~30 m和大于30 m四个等级，分别赋值4、3、2、1。如图7-8所示，盘锦近岸海域、锦州近岸海域、葫芦岛龙港近岸

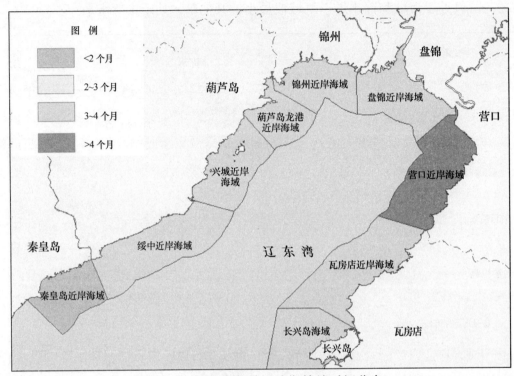

图 7-7　辽东湾各单元冰期持续时间分布

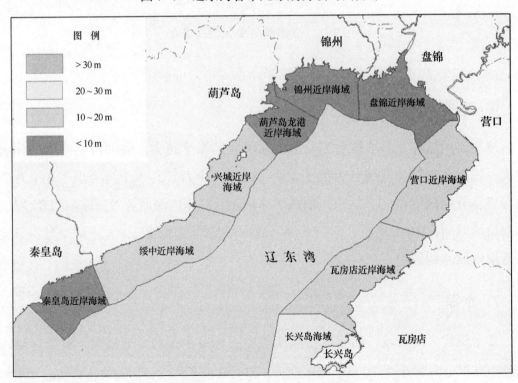

图 7-8　辽东湾各单元水深分布

海域和秦皇岛近岸海域水深较浅，长兴岛海域水深最深，其他各单元相差不大。

8. 海域应急投入

应急投入的高低直接影响着溢油风险的控制状态，根据资金、设备的投入程度分为高、中、低和无投入四个等级，分别赋值4、3、2、1。如图7-9所示，辽东湾海域各单元应急投入水平偏高，长兴岛海域、营口近岸海域、盘锦近岸海域、锦州近岸海域和秦皇岛近岸海域应急投入相应多一些，其他单元无明显差异。

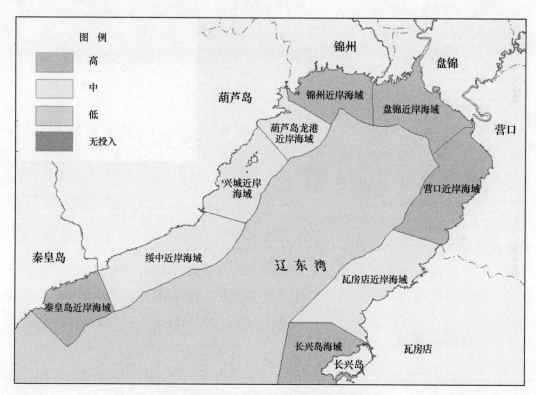

图 7-9　辽东湾各单元应急投入分布

9. 海域应急预案

完善的应急预案有利于对溢油污染事件及时做出响应和处置，有利于避免溢油污染事故扩大或者升级，最大限度地减少突发事件造成的损失。根据应急预案的完善程度分为完善预案、较完善预案、初步预案和无预案四个等级，分别赋值

4、3、2、1。如图7-10所示，辽东湾海域各单元中长兴岛海域、营口近岸海域、盘锦近岸海域、锦州近岸海域和秦皇岛近岸海域应急预案完善，其他单元无明显差异。

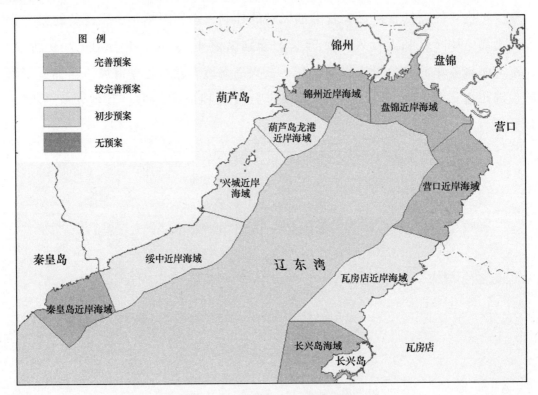

图7-10 辽东湾各单元应急预案分布

10. 海域敏感度

海域敏感度是指海域受到溢油污染后的耐污能力，溢油海域的类型不同，海域内生态系统的脆弱性不同，产卵场、滨海湿地、海洋保护区等最为敏感，风景旅游区、海上娱乐区次之，港口区域和工业用水区域相对不敏感，按敏感、亚敏感、非敏感三类划分，分别赋值4、3、2。长兴岛海域分布有斑海豹自然保护区，盘锦近岸海域分布有鸳鸯沟国家级海洋特别保护区，兴城近岸海域分布有觉华岛国家级海洋特别保护区，绥中近岸海域分布有碣石国家级海洋公园，是辽东湾海域最敏感的区域（图7-11）。

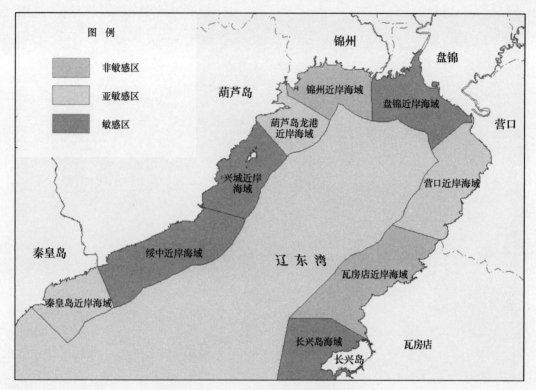

图 7-11 辽东湾各单元海域敏感度分布

11. 岸滩类型

不同类型岸滩的脆弱性不同，砂质岸滩、淤泥质岸滩、基岩岸滩、人工岸滩脆弱性依次降低，分别赋值 4、3、2、1。辽东湾海域各单元根据岸滩类型所占的比例进行赋值，其中绥中近岸海域最为敏感。

12. 生物密度

生物密度高代表该海域生物多，一旦发生溢油事故，造成的损失更大。分为大于 100 个/m³、60~100 个/m³、20~60 个/m³ 和小于 20 个/m³ 四个等级，分别赋值 4、3、2、1。如图 7-12 所示，辽东湾海域各单元中生物密度最高的是秦皇岛近岸海域，营口近岸海域和兴城近岸海域生物密度最低。

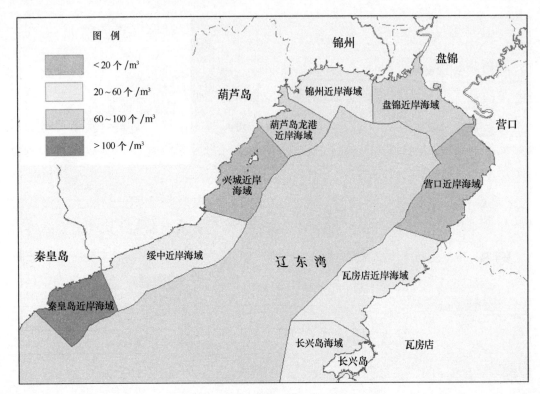

图 7-12　辽东湾各单元生物密度分布

13. 生物量

生物量越高的区域，发生溢油事故造成的危害越大，分为大于 600 mg/m³、400~600 mg/m³、200~400 mg/m³ 和小于 200 mg/m³ 四个等级，分别赋值 4、3、2、1。如图 7-13 所示，辽东湾海域各单元中生物量最高的是瓦房店近岸海域和秦皇岛近岸海域，最低的是营口近岸海域、盘锦近岸海域和兴城近岸海域。

14. 潮流速度

潮流速度是海水交换能力的直接影响因素，潮流速度越大，水交换能力越强，恢复力也就越强，分为大于 50 cm/s、40~50 cm/s、30~40 cm/s 和小于 30 cm/s 四个等级，分别赋值 4、3、2、1。如图 7-14 所示，辽东湾海域各单元中营口近岸海域潮流速度最快，水交换能力最强，其次是兴城近岸海域和秦皇岛近岸海域，瓦房店近岸海域、锦州近岸海域和绥中近岸海域潮流速度相对较小，水交换能力弱。

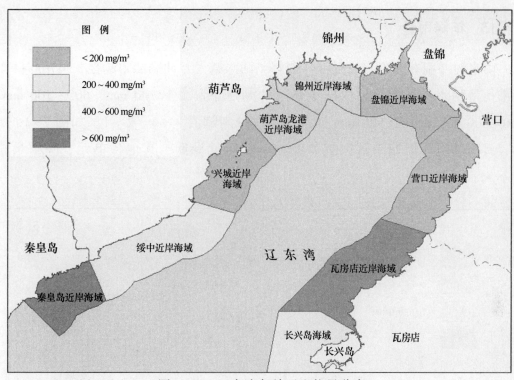

图 7-13　辽东湾各单元生物量分布

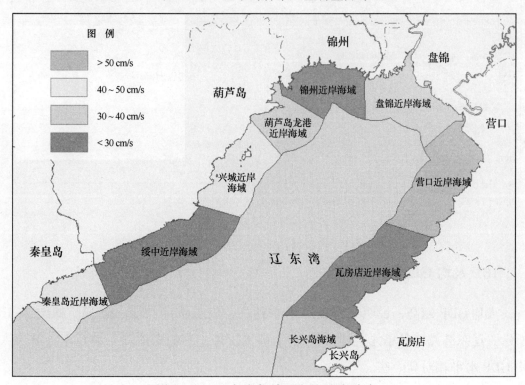

图 7-14　辽东湾各单元潮流速度分布

15. 年降雨量

雨水的冲刷有助于溢油稀释、消解，雨水越大，冲刷能力越强，可用年降雨量来衡量雨水的冲刷力。根据年降雨量大小分为大于 700 mm、600 ~ 700 mm、500 ~ 600 mm 和小于 500 mm 四个等级，分别赋值 4、3、2、1。如图 7-15 所示，辽东湾近岸海域中营口近岸海域、降雨量最低，其他各单元、降雨量相差不大。

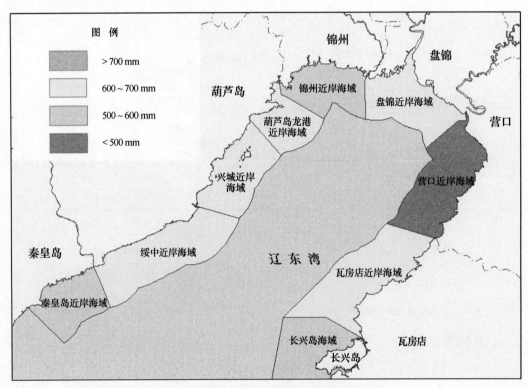

图 7-15　辽东湾各单元降雨量分布

16. 人均 GDP 水平

人均 GDP 越高，说明经济发展水平越高，应急救援的能力越强。如图 7-16 所示，辽东湾海域各单元人均 GDP 水平都比较高，总的来说辽东湾东岸各城市人均 GDP 水平相对高一些。

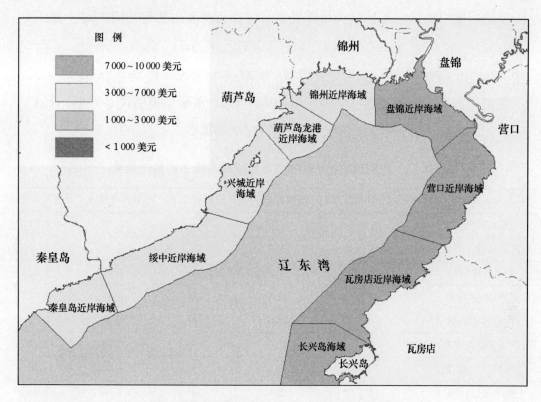

图 7-16 辽东湾各单元人均 GDP 水平分布

7.3.2 准则层及目标层指标量化

1. 准则层 2 量化

危险因子的状态由港口码头类型和石油平台、储备基地的距离共同决定，二者的影响相同，所以系数均为 0.5。危险因子状态采用式（7-1）计算。

$$H_1 = 0.5 \times (H_{11} + H_{12}) \tag{7-1}$$

式中，H_1 为危险因子状态；H_{11} 为港口码头类型；H_{12} 为石油平台、储备基地的距离。

诱发因素由年均风速、雾日、浪高、冰期和水深五个因素共同决定，各诱发因素同等重要，所以系数均为 0.2，诱发因素采用式（5-5）计算。

控制状态主要取决于区域应急投入和区域应急预案两个方面，二者也同等重要，系数均为 0.5，采用式（5-6）计算。

暴露程度由海域的敏感度、岸滩类型、生物密度和生物量共同决定，表征为：

$$V_1 = \sqrt{0.5(V_{11} + V_{12}) \times 0.5(V_{13} + V_{14})} \qquad (7-2)$$

式中，V_{11} 为海域敏感度；V_{12} 为岸滩类型；V_{13} 为生物密度；V_{14} 为生物量。

恢复力取决于潮流速度、年降雨量和人均 GDP 水平，采用式（5-8）计算。

辽东湾海域各分区单元的准则层 2 的量化结果见表 7-2。

表 7-2　辽东湾海域各分区单元的准则层 2 的量化结果

分区单元	危险因子状态 H_1	诱发因素 H_2	控制状态 H_3	暴露程度 V_1	恢复力 V_2
长兴岛海域	2.5	3	4	2.35	2.52
瓦房店近岸海域	1	2.2	3	2.6	2.29
营口近岸海域	2.5	2.2	4	1.64	2.52
盘锦近岸海域	4	2.8	4	2.65	2.88
锦州近岸海域	4	2.6	4	2.5	1.82
葫芦岛龙港近岸海域	3	2.6	3	2.74	2.62
兴城近岸海域	1.5	2.2	3	1.84	3.0
绥中近岸海域	1	2.4	3	2.76	2.08
秦皇岛近岸海域	2	2	4	3.46	2.62

2. 风险源危险性和风险受体脆弱性及风险度的量化

根据量化模型，风险源的危险性：

$$H = \frac{H_1 \times H_2}{H_3}$$

式中，H_1 为危险因子状态；H_2 为诱发因素；H_3 为控制状态。

风险受体的脆弱性：

$$V = \frac{V_1}{V_2}$$

式中，V_1 为风险受体暴露程度；V_2 为风险受体恢复力。

溢油风险度：

$$R = H \times V$$

式中，H 为危险度；V 为脆弱度。

辽东湾海域各分区单元风险源的危险性、风险受体的脆弱性和风险度见表7-3。各单元风险源的危险性和风险受体的脆弱性平均分成6级，具体如图7-17和7-18所示。

表 7-3 辽东湾海域各分区单元风险源危险性、受体脆弱性和风险度

分区单元	风险源危险性 H	风险受体脆弱性 V	风险度 R
长兴岛海域	1.88	0.93	1.75
瓦房店近岸海域	0.73	1.13	0.83
营口近岸海域	1.38	0.65	0.9
盘锦近岸海域	2.8	0.92	2.57
锦州近岸海域	2.6	1.38	3.58
葫芦岛龙港近岸海域	2.6	1.04	2.72
兴城近岸海域	1.1	0.61	0.68
绥中近岸海域	0.8	1.33	1.06
秦皇岛近岸海域	1	1.32	1.32

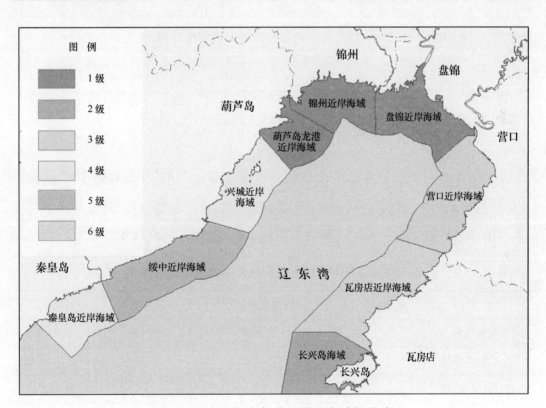

图 7-17 辽东湾各分区单元危险性分布

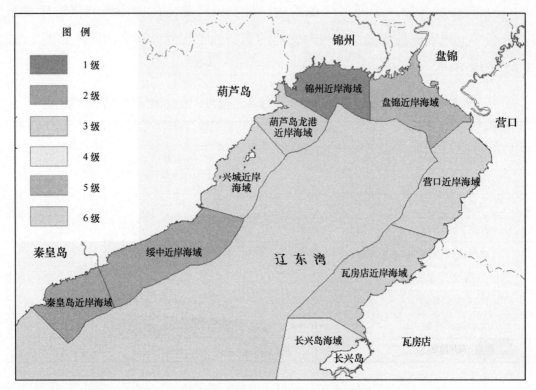

图 7-18　辽东湾各分区单元脆弱性分布

7.4　辽东湾海域溢油风险分区

　　根据上述量化方法，计算出各单元的溢油风险度，$R \geq 2$ 的海域为高风险区，$1 \leq R < 2$ 的海域为中风险区，$R < 1$ 的海域为低风险区（表 7-4）。辽东湾海域划分为海洋溢油高风险区、中风险区和低风险区，具体如图 7-19 所示。

表 7-4　辽东湾海域各分区单元溢油风险分区结果

分区单元	风险源危险性 H	风险受体脆弱性 V	风险度 R	风险分区
长兴岛海域	1.88	0.93	1.75	中风险区
瓦房店近岸海域	0.73	1.13	0.83	低风险区
营口近岸海域	1.38	0.65	0.9	低风险区
盘锦近岸海域	2.8	0.92	2.57	高风险区

续表

分区单元	风险源危险性 H	风险受体脆弱性 V	风险度 R	风险分区
锦州近岸海域	2.6	1.38	3.58	高风险区
葫芦岛龙港近岸海域	2.6	1.04	2.72	高风险区
兴城近岸海域	1.1	0.61	0.68	低风险区
绥中近岸海域	0.8	1.33	1.06	中风险区
秦皇岛近岸海域	1	1.32	1.32	中风险区

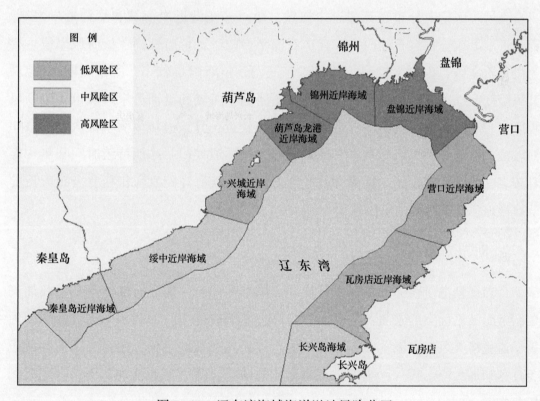

图 7-19　辽东湾海域海洋溢油风险分区

7.5 辽东湾海域溢油风险分区特征及防范对策

7.5.1 高风险区

1. 分区特征

高风险区集中分布在锦州近岸海域、葫芦岛龙港近岸海域和盘锦近岸海域。锦州近岸海域分布有石油码头，且离石油平台较近，危险性高；该海域岸线主要为淤泥质岸线，生物量较高，且潮流速度慢、年降雨量较小，所以脆弱性很高，其风险度在辽东湾海域中最高。葫芦岛龙港近岸海域和盘锦近岸海域也属于高风险区：龙港区有集装箱码头，距离石油平台较近，且该海域风大、浪大、水域相对较浅，盘锦近岸海域分布着石油码头和大量的油气田，冰期持续时间和年均雾日较多，危险性都较高；盘锦海域有鸳鸯沟国家级海洋特别保护区，分布大量的滨海湿地，脆弱性高。

2. 防范对策

合理规划港口码头，做好项目规划环境影响评价；加强石油储备基地及油气田附近海域石油类的水质污染监测，提高应急响应能力；加强恶劣天气的早期预警，避免在大风、大浪、大雾以及其他恶劣天气下通航运输；制订合理的区域应急计划和加大应急投入，定期进行溢油应急演练，建立专业清油队伍；合理分配应急物资。

7.5.2 中风险区

1. 分区特征

中风险区集中分布在长兴岛海域、秦皇岛近岸海域和绥中近岸海域。长兴岛海域分布有30万吨级的原油码头，冰期持续时间较长，浪高相对较大，危险性较高，且该海域有斑海豹国家级自然保护区，脆弱性高。秦皇岛近岸海域有集装箱杂货码头，浪大，水域较浅，危险性较高且分布有滨海旅游度假区，加上生物密度和生物量都很大，脆弱性较高。绥中近岸海域危险性主要表现在年均雾日较多、冰期持续时间长，海域平均水深较浅，脆弱性高主要是由于拥有碣石国家级海洋公园和大量的砂质岸线，所以风险度较高。

2. 防范对策

避免大雾、大浪以及冰冻时期的通航运输，航道尽量选择深水区；加强海洋保护区、砂质岸线等高度敏感区域的应急响应能力，在脆弱性较高的区域分配相对较多的应急救援物资。

7.5.3　低风险区

1. 分区特征

低风险区集中分布在瓦房店近岸海域、营口近岸海域和兴城近岸海域。这些海域没有分布保护区等敏感海域，潮流速度和年降雨量较高，海域恢复力较好，所以风险度低。

2. 防范对策

提高溢油的应急防范，完善应急预案，特别加强营口近岸海域石油码头附近海域的应急监测能力。避免在恶劣天气下进行航运。

第8章 海洋溢油风险防范体系

8.1 减缓危险性

8.1.1 降低风险源的危险性

1. 规范港口码头管理

建立健全的安全营运和防止污染管理体系，将码头的管理制度、操作规程、设备管理、人员培训及应急预案等都纳入体系管理，进一步促进管理的程序化、规范化。规范码头船舶装卸作业行为，船岸双方应严格落实船岸安全检查制度，遵守安全注意事项，合理控制装卸货物的压力、流速等参数，加强值班和巡视，维护船舶靠泊秩序。采用技术的、安全可靠的装卸设备和阀门，在码头作业区装置监视设施，一旦发生溢油泄漏及时截断阀门。

2. 定期安全检查

建立设备设施的保养更新制度，加强设备日常检查维护，严格按照相关标准配备安全设备、应急反应器材和防污染设施，定期督促码头责任人加强安全与防污染设备的维护保养，对电器、防雷等防范设施和输油管线、靠离泊设施、消防器材等进行定期检查，确保其处于安全状态。

每次装卸作业前应按船岸安全检查表彻查安全隐患，确保安全和防污染措施落实到位。船舶加装燃油、装卸油或不溶于水的化学品货物前，应布放围油栏。油轮和化学品船在装卸时，应由专人现场监督、供受双方密切配合，防止污染事故的发生。码头和泊位应有适当的措施预防跑、冒、滴、漏现象造成的油类泄漏。

3. 改善通航环境和船舶交通管理水平

在船舶交通密度大和地形特殊的港口、狭窄水域，建立和完善船舶的分道通航制，避免船舶碰撞风险。加强船舶进出港报告制度的管理，制定敏感区域的交通流控制措施。防止船舶碰撞和搁浅事故的最有效方式是加强对通航秩序的管理和应用先进监管手段提高海上交通管理水平，在船舶交通管理系统的基础上，拓展海上交通监管和服务的范围，实现重点航线的全程监控。

4. 提高船员、作业人员素质

船舶发生碰撞搁浅事故与人为因素密切相关，因此应通过定期培训等手段提高船员素质，减少因操作失误造成的溢油事故。码头管理人员和操作人员必须持证上岗，并通过培训和应急预案演练不断提高工作人员安全作业技能，规范操作行为，杜绝人为因素造成的污染事故。从事油类及其产品运输的相关人员是海上防油污的主体，海事部门应加强与相关部门及公司沟通，加强油类船舶运输的管理人员和船上工作人员的防污染责任意识，提高对油类相关作业的警惕，从而减少甚至杜绝港区船舶溢油海事事故的发生。油类运输的操作人员必须经过培训学习，并通过管理部门的考核。

5. 避开恶劣天气影响

加强对极端、恶劣自然环境的预警，避免在浅水、急流下航行，避免季节性不利因素对船舶运输的影响，例如：避免冰期航运；制定完善的应急靠泊预案，遇风暴潮、能见度低等恶劣天气时，运输船舶应紧急靠泊。

8.1.2　加强风险的过程控制

1. 建立应急预案

编制应急预案，包括应急组织、应急设备、应急处理措施、应急监测、应急联络和人员培训与演练等内容。企业应急指挥中心负责全面指挥，下属应急队伍负责事故控制、救援和善后处理。建立符合规范的应急设备库以应对突发的溢油事故，配备围油栏、吸油毡等溢油污染防控设备和材料。委托相应的监测机构对事故现场及周边海域环境进行监测，为事故处置提供技术支撑。

2. 加强应急训练

建立高素质的专业队伍，加强应急反应队伍的训练和演习以提高应急人员的综合素质。每年定期组织应急人员培训，使受培训人员熟练使用、维护、保养各种溢油应急设备器材，并具有在指挥人员指导下完成应急反应的能力。

8.2　降低风险受体的脆弱性

8.2.1　减少受体的暴露程度

海洋溢油的风险受体是溢油可能危害的所有群体以及社会财产，如海洋生物、海洋保护区、产卵场、滨海旅游度假区、滨海湿地等生态系统。减少风险受体的暴露程度是降低风险的有效措施，所以一些航道以及港口码头应远离保护区、滨海湿地、产卵场等敏感受体，对于确实无法避免的受体接触，应采取设置防护隔离保护措施。

减少风险受体的暴露时间。一是减少风险受体出现在溢油风险场的时间，例如某些鸟类具有特殊迁徙时间，旅游区在旅游季节人群最多，这些都会影响溢油风险分析的最后结果；二是减少风险受体暴露的时间格局，不同的暴露频率及持续期可产生不同的暴露剂量，尽量控制溢油后的漂移扩散。

8.2.2　增强受体的适应能力

提高受体的抵抗力是降低风险的一种措施，加大生态保护与建设的力度，严格控制围填海的面积和填海方式，提高生物多样性，保护自然岸线和滨海湿地等敏感区域，避免改变区域原有的潮流场，增强生态系统的抵抗力和恢复力。

　　对于敏感性高的区域，通过建立预防机制，可减少溢油污染事故对它的损害程度，减少其敏感性。例如，在重要的自然保护区，可设置湿地隔离带，减少外界对它的干扰，避免造成重大溢油污染事故；加强公众溢油风险意识，定期组织对突发性溢油污染事故的应急演练。

参考文献

毕军，杨洁，李奇亮．2006. 区域环境风险分析与管理［M］．北京：中国环境科学出版社：2-3.

陈立新．1993. 环境风险评价方法刍议［J］．重庆环境科学，15（4）：21-24.

陈书雪，鞠美庭，赵琼，等．2009. 天津港溢油风险的应急防范对策［J］．中国资源综合利用，27（6）：35-37.

邓健，黄立文，王祥，等．2010. 三峡库区船舶溢油风险评价指标体系研究［J］．中国航海，33（4）：90-93.

丁燕，史培军．2002. 台风灾害的模糊风险评估模型［J］．自然灾害学报，11（1）：34-43.

董艳．2009. 影响海上溢油动态和溢油清除的几大因素［J］．大连海事大学学报，35：37-39.

杜锁军．2006. 国内外环境风险评价研究进展［J］．环境科学与管理，3（15）：193-194.

冯利华，程归燕．2000. 基于信息扩散理论的地震风险评估［J］．地震学刊，20（1）：19-22.

高亚丽．2015. 海上溢油污染风险分级分区方法及应用研究［D］．大连：大连海事大学．

高岩松．2000. 厦口港港口水域航道环境危险度的分析与评价［D］．大连：大连海事大学．

高振会，杨东万，刘娜娜．2009. 胶州湾及邻近海域的溢油风险及应急体系［J］．海洋开发与管理，26（11）：88-91.

高振会，杨建强，王培刚，等．2007. 海洋溢油生态损害评估的理论、方法及案例研究［M］．北京：海洋出版社．

宫云飞，兰冬东，李冕，等．2015. 大连市近岸海域溢油污染事故风险受体脆弱性评价研究［J］．海洋开发与管理，10：66-68.

顾传辉，陈桂珠．2001. 浅议环境风险评价与管理［J］．新疆环境保护，23（4）：38-41.

郭文成，钟敏华，梁粤瑜．2001. 环境风险评价与环境风险管理［J］．云南环境科学，20（增刊）：98-100.

郭仲伟．1987. 风险分析与决策［M］．北京：机械工业出版社：1-228.

杭君．2014. 上海海域溢油生态风险区划与应急对策研究［D］．上海：上海海洋大学．

何天平，程凌．2008. 层次分析法在化工园区安全评价中的应用［J］．中国安全生产科学技术，4（4）：81-84.

胡二邦.1999. 环境风险评价实用技术和方法 [M]. 北京：中国环境科学出版社：2.

黄崇福, 陈志芬.2005. 基于内集-外集模型的自然灾害软风险区划图研究 [J]. 科学技术与工程, 5 (13)：925-927.

黄崇福, 张俊香, 陈志芬.2004. 自然灾害风险区划图的一个潜在发展方向 [J]. 自然灾害学报, 13 (2)：9-15.

黄圣彪, 王子健, 乔敏.2007. 区域环境风险评价及其关键科学问题 [J]. 环境科学学报, 27 (5)：705-712.

霍张丽, 梁收运.2007. 模糊数学方法在滑坡稳定性评价中的应用 [J]. 西北地震学报, 29 (1)：35-39.

金海明.2006. 宁波港油船溢油风险评估应用研究 [D]. 大连：大连海事大学.

金梅兵.1997. 近岸溢油的全动力预测方法研究 [J]. 海洋环境科学, 6 (1)：30-37.

兰冬东, 鲍晨光, 马明辉, 等.2014. 海洋溢油风险分区方法及其应用 [J]. 海洋环境科学, 33 (2)：287-292.

兰冬东, 刘仁志, 曾维华.2009. 区域环境污染事件风险分区技术及其应用 [J]. 应用基础与工程科学学报, 17 (S1)：82-91.

李品芳, 黄家亮.1999. 模糊综合评判在港口船舶溢油风险区划分中的应用 [J]. 交通环保, 20 (2)：12-14.

李其亮, 毕军, 杨洁.2005. 工业园区环境风险管理水平模糊数学评价模型及应用 [J]. 环境评价, 12：20-28.

刘桂友, 徐琳瑜.2007. 一种区域环境风险评价方法——信息扩散法 [J]. 环境科学学报, 27 (9)：1549-1556.

刘胜.2012. 沿海石油储运溢油风险评价 [D]. 大连：大连海事大学.

刘彦星, 殷佩海, 林建国, 等.2002. 基于 GIS 的海上溢油扩散和漂移的预测研究 [J]. 大连海事大学学报, 28 (3)：41-44.

娄安刚, 王学吕, 孙长青, 等.2001. 胶州湾海面溢油轨迹的数值模拟 [J]. 黄渤海海洋, 19 (1)：1-8.

卢仲达, 张江山.2007. 层次分析法在环境风险评价中的应用 [J]. 环境科学导刊, 26 (3)：79-81.

罗祖德.1990. 灾害论 [M]. 杭州：浙江教育出版社.

毛小苓, 刘阳生.2003. 国内外环境风险评价研究进展 [J]. 应用基础与工程科学学报, 11 (3)：266-272.

牛文元.1989. 生态环境脆弱带 ECOTONE 的基础判定 [J]. 生态学报, 9 (2)：97-105.

乔青, 高吉喜, 王维, 等.2008. 生态脆弱性综合评价方法与应用 [J]. 环境科学研究, 21 (5)：117-123.

史培军.2002. 三论灾害研究的理论与实践 [J]. 自然灾害学报, 11 (3)：1-9.

史培军.1991. 灾害研究的理论与实践 [J]. 南京大学学报 (自然科学版), 自然灾害研究专辑, 11：37-42.

史培军 . 1996. 再论灾害研究的理论与实践 [J]. 自然灾害学报, 5 (4)：6-17.

孙维维 . 2006. 大连新港海区油船溢油风险总体评价初探 [D]. 大连：大连海事大学 .

孙雪景 . 2007. 渤海海域船舶溢油风险管理框架的研究 [D]. 大连：大连海事大学 .

田海潮 . 2006. 京唐港船舶溢油风险评价 [D]. 大连：大连海事大学 .

王博, 崔春光, 彭涛, 等 . 2007. 暴雨灾害风险评估与区划的研究现状与进展 [J]. 暴雨灾害, 26 (3)：
　　281-286.

王大坤, 李新建 . 1995. 健康危害评价在环境质量评价中的应用 [J]. 环境污染与防治, 17 (6)：9-12.

王飞, 王华东 . 1995. 环境风险事故概率估计方法探讨 [J]. 上海环境科学, 14 (5)：39-42.

王家鼎, 黄崇福 . 1992. 模糊信息处理中的信息扩散方法及其应用 [J]. 西北大学学报, 4 (22)：
　　383-392.

王玮蔚 . 2007. 环境风险评价研究进展 [J]. 科教文汇, 上旬刊：205.

王玉秀, 常艳君 . 1994. 区域环境风险综合评价方法 [J]. 辽宁城乡环境科技, 19 (3)：34-38.

王志霞, 陆雍森 . 2007. 区域持久性有机物的健康风险评价方法研究 [J]. 环境科学研究, 20 (3)：
　　152-156.

吴息, 杨静 . 2002. 利用信息扩散模式对浙江省大暴雨的风险分析 [J]. 灾害学, 17 (4)：7-10.

奚风华 . 2009. 油轮溢油风险评价 [D]. 武汉：武汉理工大学 .

小阿瑟·威廉姆斯, 查理德·M. 汉斯 . 1990. 风险管理与保险 [M]. 北京：中国商业出版社 .

肖景坤 . 2001. 船舶溢油风险评价模式与应用研究 [D]. 大连：大连海事大学 .

熊德琪, 陈钢, 李琼 . 2001. 重大环境污染事故风险模糊排序方法研究 [J]. 中国工程科学, 3 (8)：
　　46-50.

薛鹏丽, 曾维华 . 2011. 上海市环境污染事故风险受体脆弱性评价研究 [J]. 环境科学学报, 31 (11)：
　　2556-2561.

杨洁, 毕军, 李其亮, 等 . 2006. 区域环境风险区划理论与方法研究 [J]. 环境科学研究, 19 (4)：
　　132-137.

杨洁, 毕军, 周鲸波 . 2006. 长江 (江苏段) 沿江开发区环境风险监控预警系统 [J]. 长江流域资源与环
　　境, 15 (6)：745-749.

杨军 . 2003. 灰色模糊理论综合评判港口船舶溢油风险方法初探 [J]. 交通科技, 4：116-118.

杨凯, 王云, 王勇 . 1994. 层次分析法在石化企业安全风险评价中的应用 [J]. 上海环境科学, 13 (6)：
　　36-39.

杨晓松, 谢波 . 1998. 区域环境风险综合评价的程序和方法 [J]. 国外金属矿选矿, 26-28.

杨阳 . 2011. 大连新港船舶溢油风险评价及防范系统研究 [D]. 大连：大连理工大学 .

殷浩文 . 1995. 水环境生态风险评价程序 [J]. 水污染防治, 11 (11)：11-14.

尹红梅, 刘肖珩 . 1997. 区域环境风险评价与风险管理及其在工程项目上的应用 [J]. 环境导报, 4：
　　4-7.

余加艾, 张波, 陈伟斌, 等 . 1999. 渤海结冰海区溢油行为数值模拟 [J]. 海洋与湖沼, 30 (5): 552-557.

曾维华, 宋永会, 姚新, 等 . 2013. 多尺度突发环境污染事故风险区划 [M]. 北京: 科学出版社 .

张存智, 窦振兴, 韩康, 等 . 1997. 三维溢油动态预报模式 [J]. 海洋环境科学, 16 (1): 22-29.

张俊香, 李平日, 黄光庆, 等 . 2007. 基于信息扩散理论的中国沿海特大台风暴潮灾害风险分析 [J]. 热带地理, 27 (1): 11-14.

张晓霞 . 2017. 辽东湾海洋溢油应急响应决策支持技术研究 [D]. 大连: 大连海事大学 .

张至达 . 2015. 港区船舶溢油风险评价研究 [D]. 大连: 大连海事大学 .

郑连远, 孙英兰, 王学吕 . 1994. 二维溢油预报模型 [J]. 青岛海洋大学学报, (S1): 6-12.

竺诗忍 . 1997. 舟山海域突发性溢油环境风险评价 [J]. 海洋环境科学, 16 (1): 53-59.

Achour M H, Haroun A E, Schult C J, et al. 2005. A new method to assess the environmental risk of a chemical process [J]. Chemical Engineering and Processing, 44: 901-909.

Adger W N. 2006. Global environmental change resilience, vulnerability, and adaptation: A cross-cutting theme of the international human dimensions programme on global environmental change [J]. Vulnerability, 16 (3): 268-281.

Alloy L B, Clements C M. 1992. Illusion of control: Invulnerability to negative affect and depressive symptoms after laboratory and natural stressors [J]. Journal of Abnormal Psychology, 101 (2): 234-245.

Antonio Olita, Andrea Cucco, Simone Simeone, et al. 2012. Oil spill hazard and risk assessment for the shorelines of a Mediterranean coastal archipelago [J]. Ocean &Coastal Management, 57: 44-52.

Arthur Wieczorek, Dimas Dias-Brito, João Carlos, et al. 2007. Mapping oil spill environmental sensitivity in Cardoso island state park and surroundings areas [J]. Ocean and coastal management, 5: 872-886.

Blaikie, P. T. Canon, IDavis. 1994. At Risk: Natural Hazards, People's Vulnerability, and Disasters [M]. London: Routledge.

Castanedo S, Juanes J. A, Medina R, et al. 2009. Oil spill vulnerability assessment integrating physical, biological and socio-economic aspects: Application to the cantabrian coast [J]. Journal of environmental management, 91: 149-159.

Collins T W, Grineski S E, Aguilar M L. 2009. Vulnerability to environmental hazards in the Ciudad Juarez-EIPaso metropolis: A model for spatial risk assessment in transnational context [J]. Global Environmental Change, 29: 448-461.

Collins T W, Grineski S E, Aguilar M L. 2009. Vulnerability to environmental hazards in the Ciudad Juarez-EIPaso metropolis: A model for spatial risk assessment in transnational context [J]. Global Environmental Change, 29: 448-461

Darbra, R. M. , Eijarrat, E. Barceló D. 2008. How to measure uncertainties in environmental risk assessment [J]. Trends in Analytical Chemistry, 27 (4): 377-385.

EL-Sabh, M. I. , T. S. Murty, S. 1994. Venkalesh, et al. Recent Studies in Geophysical Hazards [M]. London: Kluwer Academic Publisher.

EL-Sabh, M. I. , T. S. Murty. 1988. Natural and Man-made Hazards [M]. Holland: D. Reidel Publishing Company.

Fattal P, Maanan M, Tillier I, et al. 2010. Coastal vulnerability to oil spill pollution: the case of Noirmoutier Island (France) [J]. Journal of coastal research, 26 (5): 879-887.

Ferguson, C. C. , Denner, J. M. 1998. Human health risk assessment using UK Guideline Values for contaminants in soils [M]. In: Lerner DN, Walton NRG, editors. Contaminated land and groundwater: future directions. Geological Society Engineering Geology Special Publications, 14: 37-43.

Forman, R. T. 1995. Some General Principles of Landscape and Regional Ecology [J]. Landscape Ecology, 10 (3): 133-142.

Ghonemy, H. E. , Watts, L. , Fowler, L. 2005. Treatment of uncertainty and developing conceptual models for environmental risk assessments and radioactive waste disposal safety cases [J]. Environment International, 31: 89-97.

Gorsky V, Shvetzova S T, Voschnin A. 2000. Risk assessment of accident involving environmental high toxicity substances [J]. Journal of Hazardous Materials, 78 (1-3): 173-190.

Gupta, A. K. , Suresh, I. V. , Misra, J. , et al. 2002. Environmental risk mapping approach: risk minimization tool for development of industrial growth centers in developing countries [J]. Journal of cleaner production, 10: 271-281.

Haynes J. 1985. Risk as an economic factor [J]. The Quarterly Journal of Economics, 9 (4): 409-449.

Hong H, Cui S, Zhang L. 2006. A coastal vulnerability index and its application in Xiamen, China [J]. Aquatic Ecosystem Health & Management, 9 (3): 333-337.

JORIS T. 1995. Environmental appraisal of development plans: Current Status [J]. Planning Practice and Research, 10 (2): 223-234.

J. M. Weslawski, J. Wiktor, M. Zajaczkowski, et al. 1997. Vulnerability assessment of Svalbard intertidal zone for oil spills [J]. Estuarine coastal and shelf science, 44 (supplement A): 33-41.

Kaly P W, Heesacker M, Frost H M. 2002. Collegiate alcohol use and high-risk sexual behavior: A literature review [J]. Journal of College Student Development, 43 (6): 838-850.

Kuchuk, A. A. , Krzyzanowski, M. , Huysmans, K. . 1998. The application of WHO's Health and Environment Geographic Information System (HEGIS) in mapping environmental health risks for the European region [J]. Journal of Hazardous Materials, 61: 287-290.

Lange H J, Sala S, Vighi M, et al. 2010. Ecological vulnerability in risk assessment——A review and perspectives [J]. Science of the Total Environment, 408 (18): 3871-3879.

Lirer, L. , Vitelli, L. . 1998. Volcanic Risk Assessment and Mapping in the Vesuvian Area Using GIS [J]. Natural Hazards, 17: 1-15.

Liu, X. L. , Lei, J. Z. . 2003. A method for assessing regional debris flow risk: an application in Zhaotong of Yunnan province [J]. Geomorphology, 52: 181-191.

Merad, M. M. , Verdel, T. , Roy, B. , et al. 2004. Use of multi-criteria decision-aids risk zoning and management of large area subjected to mining - induced hazards [J]. Tunnelling and Underground Space Technology, 19: 165-178.

Murphy H, Savage K. 1992. Environmental risk assessment and management programs. In: Proceedings of National Conference on Environmental Engineering, Jun17-19; Gold Coast Queensland, 45-52.

Office of the Disaster Relief Co-Ordinator. Mitigating Natural Disaster: Phenomena, Effect and Options-a Manual for Policy Makers and Planners [EB/OL]. [2012-10-13] http: //desastres. usac. edu. gt/documentos/pdf/ eng/ doc1028/doc1028. htm.

Permanand Nansingh, Shari Jurawan. 1999. Environmental sensitivity of a tropical coastline to oil spills [J]. Spill science and technology bulletin, 5: 161-172.

Petts, J. , Cairney, T. , Smith, M. . 1997. Risk-based contaminated land investigation and assessment [J]. Chichester: Wiley.

Pratt C R, Kaly U L, Mitchell J. 2004. Manual: how to use the environmental vulnerability index (EVI), UNEP [R]. SOPAC Technical Report 375. Fiji: South Pacific Applied Geoscience Commission (SOPAC): 60.

Rifaat G. M. Hanna. 1995. An approach to evaluate the application of the vulnerability index for oil spills in tropical red sea environments [J]. Spill science and technology bulletin, 12: 171-186.

Smit B, Wandel J. 2006. Adaptation, adaptive capacity and vulnerability [J]. Global Environmental Change, 16 (3): 282-292.

S. Castanedo, J. A. Juanes, R. Medina, et al. 2009. Oil spill vulnerability assessment integrating physical, biological and socio-economical aspects: Application to the cantabrian coast [J]. Journal of environmental management, 91: 149-159.

Vogel C. 2006. Foreword: resilience, vulnerability and adaptation: a cross cutting theme of the international human dimension programme on global environmental change [J]. Global Environmental Change, 16 (3): 254-267.

Walid Elshorbagy, Abu-Bakr Elhakeem. 2008. Risk assessment maps of oil spill for major desalination plants in the United Arab Emirates [J]. Desalination, 228: 200-216.

Wang, Z. S. , Jin, Y. X. , Zhu, Z. H. . 2007. Sea-route Navigation Environment Risk Evaluation Based on Uncertainty AHP. Navigation of China, 3: 57-60.

Weslawski J. M, Wiktor J, Zajaczkowski M, et al. 1997. Vulnerability assessment of Svalbard intertidal zone for oil spills [J]. Estuarine coastal and shelf science, 44 (supplement A): 33-41.

Wies J A, Parker K R. 1995. Analyzing the effects of accidental environmental impacts: approaches and assumptions [J]. Ecological Applications, 5 (4): 1069-1083.

Yin, K. L. , Chen, L. X. , Zhang, G. R. . 2007. Regional Landslide Hazard Warning and Risk Assessment [J]. Earth Science Frontiers, 14 (6): 85-97.

附录　海上溢油事故大事记

1. "埃克森·瓦尔迪兹"号油轮漏油事故

1989 年 3 月 24 日，美国埃克森公司的一艘巨型油轮在阿拉斯加州美国、加拿大交界的威廉王子湾附近触礁，油轮船体裂开，溢油近 $4×10^4$ t，在海面上形成一条宽约 1 km、长达 800 km 的漂油带。事故发生地点原来是一个风景如画的地方，盛产鱼类，海豚海豹成群。事故发生后，礁石上沾满一层黑乎乎的油污，数千千米海岸线布满石油，10 万~30 万只海鸟死亡，约 4 000 头海獭死亡，恢复生态系统需要 5~25 年。如今，威廉王子峡湾的海獭在掘食蛤蜊时，仍能刨到当年渗漏的石油。

事故发生原因：船长玩忽职守，擅离岗位，使这艘 1 000 英尺（约合 304.8 m）长的超级油轮偏离指定航道，通过阿拉斯加州的威廉王子峡湾时，与水下礁石相撞。

事故扩大的原因：①采取措施不当，没有及时采取有效措施清理泄漏的原油；②与当地政府沟通不当，更不向美、加当地政府道歉，致使事态进一步恶化，污染区越来越大。到了 3 月 28 日，原油泄漏量已超过 1 000×10^4 gal，造成美国历史上最大的一起原油泄漏事故。

2. "托利卡尼翁"号油轮溢油事故

1967 年 3 月 18 日，利比里亚籍超级油轮"托利卡尼翁"号（Torrey Canyon）在英国康沃尔郡锡利群岛附近海域搁浅以后，泄漏了 3 800×10^4 gal（约合 12.3×10^4 t）的原油。

事故发生原因：船长为了尽快到达目的地，擅自改变航道，酿成苦果。

事故扩大原因：当地政府缺乏风险意识，事后采取措施不当，在决定将海面的浮油燃烧掉以后，首相哈罗德-威尔逊下令英国皇家空军将凝固汽油弹空投至事发水域，总共投放了 $42.1×10^4$ b（约合 $19×10^4$ kg）炸弹。10 000 多吨有毒溶剂和清洁剂被冲上受原油污染的英国和法国海岸附近沙滩，又对陆地和海上野生动物造成长期不利影响。

3. "奥德赛"号油轮漏油事故

1988 年 11 月，美国籍油轮"奥德赛"号在距离新斯科舍省 700 英里（约合 1 127 km）的地方，突然发生爆炸，船身断裂变成两截。泄露了 $13.2×10^4$ t 原油，火舌迅速吞没了船上 $13.2×10^4$ t 的原油，原油燃烧或许是件幸事，在接下来的几周里，泄漏的原油没有被冲到新斯科舍省附近海岸。

事故扩大因素：大西洋恶劣的天气条件令加拿大海岸警卫队无法到达"奥德赛"号船员最后报告的地点，等到他们最终赶到时，大部分原油已经烧掉。

4. "M/T 天堂"号油轮爆炸事故

"M/T 天堂"号（M/T Haven）以前名为"阿莫戈-米尔福德-天堂"号（Amoco Milford Haven），爆炸发生时载有 100 万桶原油。爆炸使"M/T 天堂"号迅速解体，6 名船员遇难，$14.5×10^4$ t 重油泄漏到意大利热那亚港口附近的地中海。爆炸还点着了海面上的原油，约 70% 在随后的大火中被烧掉。"M/T 天堂"号3 天后才沉入大海，而意大利和法国两国花了 10 多年时间才恢复了当地优美的环境。调查人员后来发现，部分泄漏的原油沉入 1 600 英尺（约合 488 m）深的海底，可能会在那里存在数十年甚至数百年。

5. "阿莫戈-卡迪兹"号油轮漏油事故

"阿莫戈-卡迪兹"号因 1978 年 3 月 16 日撞上法国布列塔尼海岸附近的波特萨尔岩礁，对环境造成严重破坏而臭名昭著。当时，"阿莫戈-卡迪兹"号满载 160.45 万桶原油，因方向舵被一个巨浪损坏导致失控，撞上 90 ft（约合 27.4 m）深的岩礁，使得这艘油轮断为两截，迅速沉入海底，船上原油全部泄漏到海里，泄漏量 $22.3×10^4$ t。在盛行风和潮水的联合作用下，泄漏的原油漂到 200 英里（约合 322 km）以外的法国海岸线，野生动物因此遭遇重创，共计有 2 万只海鸟、9 000 t 重的牡蛎以及数百万像海星和海胆这样栖息于海底的动物死亡。

6. "贝利韦尔城堡"号油轮爆炸事故

1983 年，"贝利韦尔城堡"号油轮遭遇了像"奥德塞"号一样的状况，泄漏了 25.2×10^4 t 原油，事发地区的风向和气候条件令泄漏的原油远离海滩和海岸线。与"奥德塞"号一样，"贝利韦尔城堡"号油轮因失控的大火导致爆炸，不过与前者不同的是，事发时，它距离南非开普敦海水浴场只有 24 英里（约合 38.6 km）。

"贝利韦尔城堡"号灾难是发生在南非水域的最大原油泄漏事故。但是，除了对开普敦附近几个地区的环境造成有限的破坏以外，泄漏的绝大部分原油迅速消散，这归功于近岸风、好望角周围危险水域频繁的巨浪活动和快速的水流等因素。此外，当局将"贝利韦尔城堡"号船首部分拖入深海，使用炸药炸沉，也对抑制事故对生态造成破坏起到了一定的作用。

7. 埃科菲斯克油田井喷事故

1977 年，位于挪威和英国之间的北海曾发生过一起原油泄漏事故，不失为"深水地平线"钻井平台灾难的可怕序曲。在挪威埃科菲斯克油田，菲利普斯石油公司的 B-14 号油井发生井喷，8 天时间内共有 $8\ 100 \times 10^4$ gal（约 26.3×10^4 t）的原油泄漏到大海中，直至 B-14 号油井被完全扑灭。井喷事故并没有破坏钻井平台，但炽热的原油、泥浆和海水混合物喷射到 180 英尺（约合 54.86 m）的高处。

据挪威国家污染控制中心介绍，这起原油泄漏事故没有造成重大生态灾难。美国公司 Red Adair 在与菲利普斯石油公司签约后，帮助扑灭了发生泄漏的 B-14 号油井。该公司事后认定，这起事故本来完全可以避免：在之前的一次维护中，工人将本可以预防井喷的机械设备（被称为井喷预防器）上下颠倒安装在了井口上。

8. "ABT 夏日"号油轮漏油事故

这是历史上最严重的海上原油泄漏事故之一。1991 年 5 月初，伊朗籍油轮"ABT 夏日"号（ABT Summer）在伊朗哈尔克岛装上了 26×10^4 t 的重油，最终目的地是经由好望角，抵达荷兰港口城市鹿特丹。在"ABT 夏日"号绕行到非洲南端，开始向非洲的大西洋海岸进发时，货舱发生泄漏，并迅速引发火灾。5 月 28 日，火灾引发了大爆炸，"ABT 夏日"号被摧毁，船上的 32 名船员有 5 人死亡。

到 6 月 1 日，海面漂浮的原油大部分已经燃烧掉，"ABT 夏日"号残骸在距安哥拉海岸以西约 900 英里（约合 1 448 km）的南大西洋水域沉没。

9. "大西洋女皇"号油轮爆炸事故

1979 年 7 月 19 日，多巴哥岛附近的加勒比海水域遭受强热带风暴袭击。有两艘船被困在风暴中：满载原油的超级油轮"大西洋女皇"号（Atlantic Empress）和"爱琴海船长"号（Aegean Captain）。不幸的事情终于发生了，"大西洋女皇"号和"爱琴海船长"号发生碰撞导致大爆炸，大约 220 万桶（约合 28.7×10^4 t）原油外泄到多巴哥岛附近海水中，其中一部分燃烧掉。

10. "伊克斯托克-Ⅰ"油井爆炸事故

这起严重的原油泄漏事故始于 1979 年 6 月 3 日，当时，墨西哥湾的"伊克斯托克-Ⅰ"（Ixtoc Ⅰ）油井发生爆炸，向墨西哥卡门城附近的坎佩切湾泄漏了大量原油。当局一开始对控制事态的发展很有信心，但在第一次井喷以后不久，钻井平台即着火倒塌。原油继续从"伊克斯托克-Ⅰ"油井向外流至墨西哥湾，一直到 1980 年 3 月油井才被封住，共泄漏原油 1.4×10^8 gal（约 45.4×10^4 t）。

西风和一系列风暴使得部分泄漏的原油离墨西哥东部和得克萨斯州东南部海滩很远，但原油确实在 1979 年秋天污染了得克萨斯州的南帕德拉岛。"伊克斯托克-Ⅰ"油井井喷期间及事故发生后对环境造成了严重冲击，尤其是泄漏的原油总量，使得人们希望此类灾难永远不再发生。

11. 科威特石油管道漏油事故

1991 年 1 月晚些时候，萨达姆下令从科威特撤退的伊拉克军队打开石油管道、油井甚至停泊在港口的油轮的阀门，试图为避免军事失败做最后的挣扎。据估计，从 1 月 23 日至 27 日，至少有 2.4×10^8 gal（最多可能达 4.6×10^4 gal）的原油流入内陆和波斯湾。美国战机轰炸了石油管线，试图阻止原油外泄。作为人类历史上最严重的原油泄漏事故，海湾战争漏油事故估计向波斯湾外泄了 800 万桶原油。浮油覆盖的最大区域达到 101 英里×42 英里（约合 163 km×68 km），厚度达 5 英寸（约合 12.7 cm）。

12. 墨西哥湾钻井平台漏油事故

2010 年 4 月 20 日，位于美国墨西哥湾的"深水地平线"钻井平台发生爆炸并引发大火，大约 36 小时后沉入墨西哥湾，11 名工作人员死亡，底部油井漏油不止。

沉没的钻井平台每天漏油达到 5 000 桶，并且海上浮油面积在 2010 年 4 月 30 日统计的 9 900 km² 基础上进一步扩张。此次漏油事件造成了巨大的环境和经济损失，同时也给美国及北极近海油田开发带来巨大变数。受漏油事件影响，美国路易斯安那州、亚拉巴马州、佛罗里达州的部分地区以及密西西比州先后宣布进入紧急状态。

漏油的油井属英国石油公司（BP）所有，刚要完工，尚未投产。英国石油公司内部调查显示，钻井平台爆炸由一个甲烷气泡引发。工人在钻井底部设置并测试一处水泥封口，随后降低钻杆内部压力，试图再设一处水泥封口。这时，设置封口时引起的化学反应产生热量，促成一个甲烷气泡生成，导致这处封口遭破坏。甲烷在海底通常处于晶体状态。深海钻井平台作业时经常碰到甲烷晶体。这个甲烷气泡从钻杆底部高压处上升到低压处，突破数处安全屏障。

2010 年 4 月 20 日事发时，钻井平台上的工人观察到钻杆突然喷气，随后气体和原油冒上来。气体涌向一处有易燃物的房间，在那里发生第一起爆炸。随后发生一系列爆炸，点燃冒上来的原油。当时升起一片"气云"，罩住"深水地平线"。钻台大型引擎随即爆炸，到处都是火。"深水地平线"沉没后大量漏油，威胁周边生态环境。这座钻井平台配备的"防喷阀"也成为调查重点。一个"防喷阀"大如一辆双层公交车，重 290 t。作为防止漏油的最后一道屏障，"防喷阀"安装在井口处，在发生漏油后关闭油管。但"深水地平线"的"防喷阀"并未正常启动。

"深水地平线"装备一套自动备用系统。这套系统应在工人未能启动"防喷阀"时激活它，但当时也没有发挥作用。事发后，英国石油公司企图借助水下机器人启动"防喷阀"，未能奏效。美联社报道，自从联邦政府监管人员放松设备检测后，数年间数座钻井平台的"防喷阀"未能发挥应有作用。

13. 珠江口轮船相撞漏油事故

2004 年 12 月 7 日晚上，两艘外籍集装箱船在珠江口担杆岛东北约 8 n mile 处相撞，无人员伤亡。发生碰撞事故的两艘船均为外籍大型集装箱船。一艘是由深圳盐田驶往新加坡的巴拿马籍"HVUNDAIADVANCE"轮，船长 182 m，吃水 10.3 m，21 000 总吨，装载 1 660 个标箱；另一艘是由深圳赤湾驶往上海的德国籍"MSCILONA"轮，船长 300 m，吃水 10.9 m，75 500 总吨，装载 6 732 个标箱，碰撞后，一个燃油舱破损导致溢油。据现场海事部门的专家介绍，溢油主要是从"MSCILONA"轮尾部油舱溢出，在水面形成了一条约 9 n mile 的溢油带。燃油舱破损溢出燃油约 450 t。这是我国海域因船舶碰撞发生的最大的一次溢油事故。

14. "塔斯曼海"号油轮溢油事故

2002 年 11 月 23 日凌晨，满载 8.1×10^4 t 原油的马耳他籍"塔斯曼海"号（TASMAN SEA）油轮与中国大连"顺凯一"号轮在天津港东部海域相撞，油轮破损泄漏，溢出原油 200 余吨，形成了长 4.6 km、宽 2.6 km 的原油漂流带。溢油事故发生 5 天后海水中油类含量高于事故前的 2.2 倍，受影响海域面积达 359.6 km^2。沉积物中油类含量高于事故前的 8.1 倍，受影响的海洋沉积物面积达 82.7 km^2。滩涂污染面积达 147 km^2，同时伴有浮游植物、海洋动物数量明显减少等现象。

15. 巴拿马籍货轮珠海海域溢油事故

2009 年 9 月 15 日凌晨，受台风"巨爵"影响，一艘名为"AGIOS DIMITRIOS 1"的巴拿马籍集装箱货轮于珠海市高栏港飞沙滩避风停靠期间触礁，导致船上油箱内柴油泄漏。据海事部门介绍，该船总吨位 46 551 t，船东为希腊人，泄漏约 50 t 燃油。初步估计，污染海域面积约 20 km^2，飞沙滩附近海域污染情况较为严重。

16. "现代独立"轮溢油事故

2006 年 4 月 22 日，英国籍"现代独立"轮于舟山马峙锚地永跃船厂进坞过程中与船坞发生触碰，造成左舷破损，并导致第三燃油舱 477 t 燃油（重油）外溢。事故发生后，海事部门立即采取清除措施，共组织回收了油污水 407.75 t。事故造成周围海域严重污染，经济损失数千万元。

17. "安福"号轮油污事故

1996 年 2 月 26 日，福建省轮船总公司（以下简称"船公司"）所属"安福"

油轮运载原油 56 977.6 t 由大连开往福建省炼油厂码头。2 月 28 日 14 时左右，该轮航行至福建省湄洲湾乌丘屿附近海域时，触碰水下不明障碍物，船体发生轻微震动，经初步检查，未发现船体破损，后继续正常航行。当晚 19 时 30 分，该轮抵靠炼油厂码头后，在未采取任何防污措施的情况下，开始卸油。次日零时，该轮施放围油栏，因当时海面风力高达 8 级，围油栏被风浪冲断，围油栏接垯后，又不断被冲断，致使部分原油扩散，使湄洲湾海域遭受污染。据卸油后计算，"安福"轮漏出原油总计为 632 t。该油污事故发生后，船公司、炼油厂及时发动群众利用小木船、挖泥船等打捞码头附近海面浮油，据统计，打捞回收的原油超过 500 余吨（另有一部分打捞上来的原油被打捞者卖给当地一些个体户），其余散落的原油漂流扩散，造成福建省泉州市北起惠安县南埔乡狮东村，南至后垅乡峰尾村沿岸滩涂及附近海域受到不同程度的污染。

18. "华辰 27" 轮碰撞漏油事故

2006 年 3 月 21 日，中国籍"华辰 27"轮与"新华油 18"轮在台州水域雾航过程中发生碰撞，导致"华辰 27"轮左舷二号舱破损，溢出 187 t 石脑油。事故发生后，海事部门立即采取措施，通过堵漏、围控和回收等措施，基本清除了水面溢油，并成功过驳破损船舶所剩货油。

19. 山东长岛海域溢油事故

2006 年 3 月，山东长岛海域发生重大海上溢油事件，油污染范围大体在长岛以西，长岛与龙口、蓬莱之间，南北约 200 km、东西约 50 km 的海域内，污染状况呈南重北轻、西重东轻。经济损失 19 500 万元。2007 年 2 月和 5 月，山东长岛海域又接连发生了两起重大海上溢油事件。由于海洋部门油指纹鉴定结果与现有油指纹库不对应，至今没有查到肇事污染源。2008 年 9 月，处于长岛贝类养殖区、渔业生产区和海珍品底播增殖区的猴矶岛周围发现大面积油污染。油污主要呈黑色机油黏稠状，伴有大小不规则的固体黑色颗粒。据海上搜救中心通报，油指纹鉴定结果为重质燃料油，与沉船"金华夏 158"轮存油样品的油指纹特征一致，因此初步认定为沉船"金华夏 158"轮溢油所致。

附表1 爆炸性物质名称及临界量

序号	物质名称	临界量/t	
		生产场所	贮存区
1	雷（酸）汞	0.1	1
2	硝化丙三醇	0.1	1
3	二硝基重氮酚	0.1	1
4	二乙二醇二硝酸酯	0.1	1
5	脒基亚硝氨基脒基四氮烯	0.1	1
6	迭氮（化）钡	0.1	1
7	迭氮（化）铅	0.1	1
8	三硝基间苯二酚铅	0.1	1
9	六硝基二苯胺	5	50
10	2，4，6-三硝基苯酚	5	50
11	2，4，6-三硝基苯甲硝胺	5	50
12	2，4，6-三硝基苯胺	5	50
13	三硝基苯甲醚	5	50
14	2，4，6-三硝基苯甲酸	5	50
15	二硝基（苯）酚	5	50
16	环三次甲基三硝胺	5	50
17	2，4，6-三硝基甲苯	5	50
18	季戊四醇四硝酸酯	5	50
19	硝化纤维素	10	100
20	硝酸铵	25	250
21	1，3，5-三硝基苯	5	50
22	2，4，6-三硝基氯（化）苯	5	50
23	2，4，6-三硝基间苯二酚	5	50
24	环四次甲基四硝胺	5	50
25	六硝基-1，2-二苯乙烯	5	50
26	硝酸乙酯	5	50

附表 2　易燃物质名称及临界量

序号	类别	物质名称	临界量/t	
			生产场所	贮存区
1	闪点<28℃的液体	乙烷	2	20
2		正戊烷	2	20
3		石脑油	2	20
4		环戊烷	2	20
5		甲醇	2	20
6		乙醇	2	20
7		乙醚	2	20
8		甲酸甲酯	2	20
9		甲酸乙酯	2	20
10		乙酸甲酯	2	20
11		汽油	2	20
12		丙酮	2	20
13		丙烯	2	20
14	28℃≤闪点<60℃的液体	煤油	10	100
15		松节油	10	100
16		2-丁烯-1-醇	10	100
17		3-甲基-1-丁醇	10	100
18		二（正）丁醚	10	100
19		乙酸正丁酯	10	100
20		硝酸正戊酯	10	100
21		2，4-戊二酮	10	100
22		环己胺	10	100
23		乙酸	10	100
24		樟脑油	10	100
25		甲酸	10	100

序号	类别	物质名称	临界量/t	
			生产场所	贮存区
26		乙炔	1	10
27	爆炸下限≤10%气体	氢	1	10
28		甲烷	1	10
29		乙烯	1	10
30		1，3-丁二烯	1	10
31		环氧乙烷	1	10
32	爆炸下限≤10%气体	一氧化碳和氢气混合物	1	10
33		石油气	1	10
34		天然气	1	10

附表3 活性化学物质名称及临界量

序号	物质名称	临界量/t	
		生产场所	贮存区
1	氯酸钾	2	20
2	氯酸钠	2	20
3	过氧化钾	2	20
4	过氧化钠	2	20
5	过氧化乙酸叔丁酯（浓度≥70%）	1	10
6	过氧化异丁酸叔丁酯（浓度≥80%）	1	10
7	过氧化顺式丁烯二酸叔丁酯（浓度≥80%）	1	10
8	过氧化异丙基碳酸叔丁酯（浓度≥80%）	1	10
9	过氧化二碳酸二苯甲酯（盐度≥90%）	1	10
10	2，2-双-（过氧化叔丁基）丁烷（浓度≥70%）	1	10
11	1，1-双-（过氧化叔丁基）环己烷（浓度≥80%）	1	10
12	过氧化二碳酸二仲丁酯（浓度≥80%）	1	10
13	2，2-过氧化二氢丙烷（浓度≥30%）	1	10
14	过氧化二碳酸二正丙酯（浓度≥80%）	1	10
15	3，3，6，6，9，9-六甲基-1，2，4，5-四氧环壬烷	1	10
16	过氧化甲乙酮（浓度≥60%）	1	10
17	过氧化异丁基甲基甲酮（浓度≥60%）	1	10
18	过乙酸（浓度≥60%）	1	10
19	过氧化（二）异丁酰（浓度≥50%）	1	10
20	过氧化二碳酸二乙酯（浓度≥30%）	1	10
21	过氧化新戊酸叔丁酯（浓度≥77%）	1	10

附表4　有毒物质名称及临界量

序号	物质名称	临界量/t	
		生产场所	贮存区
1	氨	40	100
2	氯	10	25
3	碳酰氯	0.3	0.75
4	一氧化碳	2	5
5	二氧化硫	40	100
6	三氧化硫	30	75
7	硫化氢	2	5
8	羰基硫	2	5
9	氟化氢	2	5
10	氯化氢	20	50
11	砷化氢	0.4	1
12	锑化氢	0.4	1
13	磷化氢	0.4	1
14	硒化氢	0.4	1
15	六氟化硒	0.4	1
16	六氟化碲	0.4	1
17	氰化氢	8	20
18	氯化氰	8	20
19	乙撑亚胺	8	20
20	二硫化碳	40	100

序号	物质名称	临界量/t	
		生产场所	贮存区
21	氮氧化物	20	50
22	氟	8	20
23	二氟化氧	0.4	1
24	三氟化氯	8	20
25	三氟化硼	8	20
26	三氯化磷	8	20
27	氧氯化磷	8	20
28	二氯化硫	0.4	1
29	溴	40	100
30	硫酸（二）甲酯	20	50
31	氯甲酸甲酯	8	20
32	八氟异丁烯	0.3	0.75
33	氯乙烯	20	50
34	2-氯-1，3-丁二烯	20	50
35	三氯乙烯	20	50
36	六氟丙烯	20	50
37	3-氯丙烯	20	50
38	甲苯-2，4-二异氰酸酯	40	100
39	异氰酸甲酯	0.3	0.75
40	丙烯腈	40	100
41	乙腈	40	100
42	丙酮氰醇	40	100
43	2-丙烯-1-醇	40	100
44	丙烯醛	40	100
45	3-氨基丙烯	40	100

序号	物质名称	临界量/t	
		生产场所	贮存区
46	苯	20	50
47	甲基苯	40	100
48	二甲苯	40	100
49	甲醛	20	50
50	烷基铅类	20	50
51	羰基镍	0.4	1
52	乙硼烷	0.4	1
53	戊硼烷	0.4	1
54	3-氯-1，2-环氧丙烷	20	50
55	四氯化碳	20	50
56	氯甲烷	20	50
57	溴甲烷	20	50
58	氯甲基甲醚	20	50
59	一甲胺	20	50
60	二甲胺	20	50
61	N，N-二甲基甲酰胺	20	50

附表 5　储罐区（储罐）临界量

类别	物质特性	临界量	典型物质举例
易燃液体	闪点<28℃	20 t	汽油、丙烯、石脑油等
	28℃≤闪点<60℃	100 t	煤油、松节油、丁醚等
可燃气体	爆炸下限<10%	10 t	乙炔、氢、液化石油气等
	爆炸下限≥10%	20 t	氨气等
毒性物质	剧毒品	1 kg	氰化钠（溶液）、碳酰氯等
	有毒品	100 kg	三氟化砷、丙烯醛等
	有害品	20 t	苯酚、苯肼等

附表 6　库区（库）临界量

类别	物质特性	临界量	典型物质举例
民用爆破器材	起爆器材	1 t	雷管、导爆管等
	工业炸药	50 t	铵锑炸药、乳化炸药等
	爆炸危险原材料	250 t	硝酸铵等
烟花剂、烟花爆竹	—	5 t	黑火药、烟火药、爆竹、烟花等
易燃液体	闪点<28℃	20 t	汽油、丙烯、石脑油等
	28℃≤闪点<60℃	100 t	煤油、松节油、丁醚等
可燃气体	爆炸下限<10%	10 t	乙炔、氢、液化石油气等
	爆炸下限≥10%	20 t	氨气等
毒性物质	剧毒品	1 kg	氰化钠（溶液）、碳酰氯等
	有毒品	100 kg	三氟化砷、丙烯醛等
	有害品	20 t	苯酚、苯肼等

附表7 生产场所临界量

类别	物质特性	临界量	典型物质举例
民用爆破器材	起爆器材	0.1 t	雷管、导爆管等
	工业炸药	5 t	铵锑炸药、乳化炸药等
	爆炸危险原材料	25 t	硝酸铵等
烟花剂、烟花爆竹	—	0.5 t	黑火药、烟火药、爆竹、烟花等
易燃液体	闪点<28℃	2 t	汽油、丙烯、石脑油等
	28℃≤闪点<60℃	10 t	煤油、松节油、丁醚等
可燃气体	爆炸下限<10%	1 t	乙炔、氢、液化石油气等
	爆炸下限≥10%	2 t	氨气等
毒性物质	剧毒品	100 g	氰化钠（溶液）、碳酰氯等
	有毒品	10 kg	三氟化砷、丙烯醛等
	有害品	2 t	苯酚、苯肼等